はじめての
統計データ分析

ベイズ的
〈ポストp値時代〉
の統計学

豊田 秀樹 著

朝倉書店

まえがき

　この本は初めて統計学に入門する学生のための教科書です．統計データ分析に関する予備知識はいっさい仮定していません．目次が示すように「データの記述」「正規分布」「独立した2群の差」「対応ある2群の差」「実験計画」「比率・クロス表」に各1章ずつをあてています．統計学の入門的教材としては初等的定番です．このため読者の専攻分野を問いません．

　本書の最大の特徴は，統計学の最初歩の教科書でありながら，ベイズ流のアプローチのみで教材が展開されることです．多くの統計学の入門書とは異なり，有意性検定や p 値にはまったく言及せずに統計的推測を行います． t 分布・ F 分布・ χ^2 分布など，数学的に高度な標本分布はいっさい登場しません．分散の分母に $n-1$ を置くなどという分かりにくいこともしません．

　著者は大学で統計学の授業を担当し，長らく有意性検定を講義してきました．学生はみな熱心でしたが，有意性検定は教えにくい単元でした．学生たちは有意性検定を習得しても，そして使い続けてさえいても，理論を誤解し，すぐにその本来の意味は忘れてしまうようでした．有意性検定の理論体系は，その利用者に不自然な思考を強いるからです．また数学的に高度であり，文科系の学生には理解ではなく，暗記を強いるからです．

　対して**研究仮説が正しい確率**を直接計算するベイズ流の推論は考え方がとても自然です．だから誤解が生じる余地がありません．また**生成量**を使った分析は汎用的で強力です．その点で本書はとてもユニークであり，長く統計分析に関わられてきた方が，統計学に再入門するときの独習書としても利用していただけます．再入門のためには付録 Q & A から先に読んでください．

　数学的説明には，微分・積分・シグマ記号・行列・ベクトル演算を使いません．ほぼ高校数学Ⅰの範囲からの旅立ちです．だからといって，数学的説明を割愛したり，説明のレベルを下げたりということはありません．なぜそんな魔法のようなことが可能なのでしょうか．それはベイズ流のアプローチが，MCMC (マルコフ連鎖モンテカルロ法) という手法の発達によって必ずしも高度な数学を必要としなくなったからです．

まえがき

　本書のキーワードは**研究仮説が正しい確率**と**生成量**です．この2つの考え方を武器にして，読者の皆様を新しい時代のデータ解析にご招待いたします．ベイズ流のアプローチは21世紀の統計学の中心です．若い方 (そして年齢によらず心の若い方) は，是非，ベイズ流のアプローチで統計学に (再) 入門してください．

　本書の内容は，Webから入手できるフリーの統計ソフトウェアRとStanのコードによってすべて再現できますから，すぐに実践に供していただけます．ただし紙面の都合でRやStanの文法の解説[*1)]は割愛しました．実用的なベイズ分析を行ううえでは，計算機の利用が不可欠です．最近ではRやStanの導入法や基礎文法を解説するWebサイトも増えていますので，それらを参考にぜひご自分のパソコンにRとStanを準備してから学習を進めてください．本書中の分析を実行するためのデータとスクリプトは朝倉書店Webサイト (http://www.asakura.co.jp) の本書サポートページから入手することができます．

　本書は，早稲田大学文学部心理学コースの初年度の統計学の講義資料として書き下ろした原稿を元にしています．章末問題の解答を作り，原稿に有益な多くの指摘をしてくれた久保沙織・池原一哉・秋山隆・拝殿怜奈・磯部友莉恵・長尾圭一郎・吉上諒の諸氏に感謝いたします．

2016年4月

豊　田　秀　樹

[*1)] たとえば次の書籍などを参照してください．
　豊田秀樹編著 (2015)『基礎からのベイズ統計学——ハミルトニアンモンテカルロ法による実践的入門——』，朝倉書店．
　本書で割愛したMCMCの理論的解説もこの本が参考になります．以下，当該書を豊田 (2015) といいます．

目　　次

1. データの整理とベイズの定理 ……………………………………………… 1
1.1 データ分布 …………………………………………………………… 1
　1.1.1　度数分布表とヒストグラム ……………………………… 2
　1.1.2　データの要約的記述 ……………………………………… 3
1.2 理 論 分 布 …………………………………………………………… 6
　1.2.1　正 規 分 布 ………………………………………………… 6
　1.2.2　一 様 分 布 ………………………………………………… 9
　1.2.3　理論分布の2種類の使用法 ……………………………… 10
　1.2.4　データ分布と理論分布(データ生成分布)との関係 ………… 11
1.3 理論分布の性質 ……………………………………………………… 12
　1.3.1　同 時 分 布 ………………………………………………… 12
　1.3.2　条件付き分布 ……………………………………………… 13
　1.3.3　事後の母数の分布の必要性 ……………………………… 14
1.4 ベイズの定理 ………………………………………………………… 16
　1.4.1　尤度 $f(\boldsymbol{x}|\boldsymbol{\theta})$ ………………………………………… 17
　1.4.2　事前分布 $f(\boldsymbol{\theta})$ …………………………………………… 18
　1.4.3　正規化定数 $f(\boldsymbol{x})$ ………………………………………… 20
　1.4.4　事後分布 $f(\boldsymbol{\theta}|\boldsymbol{x})$ ………………………………………… 20
1.5 事前分布によせて …………………………………………………… 21
　1.5.1　批判1：主観的な事前分布を利用することは科学的でない …… 22
　1.5.2　批判2：事前分布は変数変換に対して不変ではない ………… 22
1.6 モンティ・ホール問題 ……………………………………………… 23
1.7 章 末 問 題 …………………………………………………………… 27

2. MCMCと正規分布の推測 …………………………………………………… 29
2.1 マルコフ連鎖モンテカルロ法 ……………………………………… 29
　2.1.1　乱数による事後分布の近似 ……………………………… 29

目　次

- 2.1.2　事前分布の設定 …………………………………………… 30
- 2.1.3　乱数列の発生 ……………………………………………… 31
- 2.1.4　乱数列の視覚的評価 ……………………………………… 31
- 2.1.5　乱数列の数値的評価 ……………………………………… 33
- 2.1.6　MCMC 法の欠点 ………………………………………… 34
- 2.2　事 後 分 布 ……………………………………………………… 34
  - 2.2.1　EAP・MED・MAP …………………………………… 35
  - 2.2.2　事後分散・事後標準偏差 ……………………………… 36
  - 2.2.3　事後期待値の標準誤差 ………………………………… 36
  - 2.2.4　確 信 区 間 ……………………………………………… 37
- 2.3　予 測 分 布 ……………………………………………………… 37
  - 2.3.1　事後予測分布 …………………………………………… 38
  - 2.3.2　条件付き予測分布 ……………………………………… 38
- 2.4　母数と予測分布に関するベイズ的推測 …………………………… 39
  - 2.4.1　μ に関する推測 ……………………………………… 40
  - 2.4.2　確信区間と信頼区間 …………………………………… 42
  - 2.4.3　σ に関する推測 …………………………………… 43
  - 2.4.4　x^* に関する推測 …………………………………… 44
- 2.5　生 成 量 ……………………………………………………… 46
  - 2.5.1　分　　散 ……………………………………………… 47
  - 2.5.2　変 動 係 数 …………………………………………… 48
  - 2.5.3　効 果 量 ……………………………………………… 49
  - 2.5.4　分位点・％点 ………………………………………… 51
  - 2.5.5　予測分布の特定区間の確率 …………………………… 52
  - 2.5.6　基準点との比 ………………………………………… 53
- 2.6　研究仮説が正しい確率 ……………………………………… 54
- 2.7　論文・レポートでの報告文例 ……………………………… 56
- 2.8　章 末 問 題 …………………………………………………… 57

3. 独立した 2 群の差の推測 ……………………………………… 59
- 3.1　独立した 2 群のデータ ……………………………………… 59
  - 3.1.1　データの要約 ………………………………………… 60

目　　次　　v

　　3.1.2　研究上の問い ………………………………………… 61
　　3.1.3　標準偏差が共通した正規分布モデル ………………… 63
3.2　母平均の差 ……………………………………………………… 65
　　3.2.1　基準点より大きい母平均の差 ………………………… 65
3.3　効　果　量 ……………………………………………………… 66
　　3.3.1　基準点より大きい効果量 ……………………………… 67
3.4　非 重 複 度 ……………………………………………………… 67
　　3.4.1　基準確率より大きい非重複度 ………………………… 68
3.5　優　越　率 ……………………………………………………… 69
　　3.5.1　基準確率より大きい優越率 …………………………… 70
3.6　閾　上　率 ……………………………………………………… 70
　　3.6.1　基準確率より大きい閾上率 …………………………… 71
3.7　分　　　析 ……………………………………………………… 71
　　3.7.1　母平均の差 ……………………………………………… 72
　　3.7.2　効　果　量 ……………………………………………… 73
　　3.7.3　非 重 複 度 ……………………………………………… 74
　　3.7.4　事後予測分布 …………………………………………… 75
　　3.7.5　優　越　率 ……………………………………………… 75
　　3.7.6　閾　上　率 ……………………………………………… 76
3.8　標準偏差が異なる正規分布モデル …………………………… 77
　　3.8.1　効　果　量 ……………………………………………… 78
　　3.8.2　非 重 複 度 ……………………………………………… 79
　　3.8.3　優　越　率 ……………………………………………… 80
　　3.8.4　閾　上　率 ……………………………………………… 81
　　3.8.5　分　　　析 ……………………………………………… 81
　　3.8.6　モデル選択と WAIC …………………………………… 83
3.9　章 末 問 題 ……………………………………………………… 84

4.　**対応ある 2 群の差と相関の推測** ……………………………… 86
4.1　対応ある 2 群のデータ ………………………………………… 86
　　4.1.1　データの要約 …………………………………………… 87
　　4.1.2　共　分　散 ……………………………………………… 89

4.1.3　相関係数 ………………………………………………… 91
　　　4.1.4　相関係数の範囲 …………………………………………… 92
　4.2　2変量正規分布 ………………………………………………………… 94
　　　4.2.1　標準偏差が共通した2変量正規分布モデル …………… 95
　　　4.2.2　研究上の問いⅠ …………………………………………… 97
　　　4.2.3　分　析　Ⅰ ………………………………………………… 99
　4.3　相関を考慮した個人内変化の分析 ………………………………… 102
　　　4.3.1　研究上の問いⅡ …………………………………………… 103
　　　4.3.2　相関のある差得点の標準偏差 …………………………… 104
　　　4.3.3　差得点の効果量 …………………………………………… 105
　　　4.3.4　差得点の優越率 …………………………………………… 106
　　　4.3.5　差得点の閾上率 …………………………………………… 106
　　　4.3.6　相　　　関 ………………………………………………… 107
　　　4.3.7　同　順　率 ………………………………………………… 107
　　　4.3.8　分　析　Ⅱ ………………………………………………… 108
　4.4　標準偏差が異なる2変量正規分布モデル ………………………… 111
　　　4.4.1　分　析　Ⅲ ………………………………………………… 112
　4.5　章　末　問　題 ……………………………………………………… 114

5. **実験計画による多群の差の推測** …………………………………… 116
　5.1　独立した1要因の推測 ……………………………………………… 116
　　　5.1.1　独立した1要因モデル …………………………………… 117
　　　5.1.2　全平均と水準の効果 ……………………………………… 119
　　　5.1.3　効果の評価 ………………………………………………… 120
　　　5.1.4　水準の効果の有無 ………………………………………… 120
　　　5.1.5　要因の効果の大きさ ……………………………………… 121
　　　5.1.6　水準間の比較 ……………………………………………… 123
　　　5.1.7　連言命題が正しい確率 …………………………………… 123
　　　5.1.8　特に興味のある2水準間の推測 ………………………… 124
　5.2　独立した2要因の推測 ……………………………………………… 126
　　　5.2.1　独立した2要因モデル …………………………………… 128
　　　5.2.2　水準とセルの効果の有無 ………………………………… 131

 5.2.3 要因の効果の大きさ ································· 131
 5.2.4 セル平均の事後分布 ································· 132
 5.2.5 特に興味のある 2 セル間の推測 ······················· 133
5.3 章 末 問 題 ··· 134

6. 比率とクロス表の推測 ··································· 136
6.1 カテゴリカル分布 ·· 136
 6.1.1 ベルヌイ分布 ······································ 136
 6.1.2 2 項 分 布 ·· 137
 6.1.3 多 項 分 布 ··· 138
6.2 比率の推測 I (1 つの 2 項分布) ···························· 139
 6.2.1 オッズ (生成量) ···································· 141
 6.2.2 仮説が正しい確率 ·································· 142
6.3 比率の推測 II (1 つの多項分布) ···························· 143
 6.3.1 カテゴリ間の比較 ·································· 144
 6.3.2 連言命題が正しい確率 ······························ 145
6.4 独立したクロス表の推測 (複数の 2 項分布) ················· 146
 6.4.1 2×2 のクロス表の推測 ······················· 146
 6.4.2 比率の差・比率の比・オッズ比 (生成量) ·············· 147
 6.4.3 $g \times 2$ のクロス表の推測 ······················ 149
 6.4.4 連言命題が正しい確率 ······························ 150
6.5 対応あるクロス表の推測 (1 つの多項分布に構造が入る) ······ 151
 6.5.1 2×2 のクロス表の推測 ······················· 151
 6.5.2 独立と連関 ·· 154
 6.5.3 ピアソン残差・クラメルの連関係数 (生成量) ·········· 156
 6.5.4 $a \times b$ のクロス表の推測 ······················ 158
 6.5.5 連言命題が正しい確率 ······························ 162
6.6 章 末 問 題 ··· 163

Q & A	164
章末問題解答例	179
あとがき	197
索引	198

1 データの整理とベイズの定理

■ ■ ■

これからベイズ統計学による母数の推測に関する入門的講義を始めます．
以下の架空の問題を具体例として利用します．

> **牛丼問題**：牛丼が大好きな大学生の A 君は，自宅近くの牛丼店 B に週に何回も通っています．でも最近，店舗 B の牛丼の具が少ないような気がしてなりません．A 君は，つい最近まで，店舗 B が属する牛丼チェーンでアルバイトをしていました．そこの従業員用マニュアルには，たしか「具は 85 g とし，誤差は 5 g 以下にする」と書いてありました．そこで A 君は店舗 B の 10 個の牛丼弁当を自宅に持ち帰り，慎重に具の重さを測ってみました．その結果は，
>
> 76.5 g, 83.9 g, 87.9 g, 70.8 g, 84.6 g,
> 85.1 g, 79.6 g, 79.8 g, 79.7 g, 78.0 g
>
> でした．この実験から，店舗 B の牛丼の具は，マニュアル規定より少ないと結論していいのでしょうか？　それともたったこれだけの実験で「具が少ない」と判断するのは早計でしょうか．

● 1.1 データ分布 ●

回答者や事物や事象などの**観測対象** (observed object, observation) に，定められた操作に基づいて数値を割り当てることを**測定** (measurement) といい，測定によって割り当てられた数値を**測定値** (measured value) といいます．測定値の集まりを**データ** (data) といいます．データの性質を調べることが**統計的分析** (statistical analysis) の目的です．

まず，データの分析は，1 つ 1 つの測定値をていねいに観察することから始め

ます.ここでは牛丼の具が測定対象であり,重さが測定値です.データを眺めると,85g以上が2個,85g未満が8個です.マニュアルの目標より軽いデータのほうが多いことがわかります.さらに80g未満が6個あり,マニュアル規定を外れているという意味で問題です.

測定値の数をnとすると,データは

$$\boldsymbol{x} = (x_1,\ x_2,\ \cdots\ x_i,\ \cdots\ x_{n-1},\ x_n) \tag{1.1}$$

と表現できます.iは添え字といい,観測対象を区別するための数字(背番号のようなもの)です.x_iは,ここでは,i番目の牛丼の具の重さです.たとえば「牛丼問題」では$n=10$であり,データは

$$\boldsymbol{x} = (76.5,\ 83.9,\ 87.9,\ 70.8,\ 84.6,\ 85.1,\ 79.6,\ 79.8,\ 79.7,\ 78.0) \tag{1.2}$$

です.

● **1.1.1 度数分布表とヒストグラム**

素朴にデータを眺めた後には,**データ分布** (data distribution) を調べます.**分布** (distribution) とは,どのあたりにどれくらいデータが観察されているかのようすです.データの分布を調べるためには度数分布表とヒストグラムを作成することが効果的です.

階級に観察された度数をまとめた表を**度数分布表** (frequency distribution table) といいます.**度数** (frequency) は観測された測定値の数であり,**階級** (class) は測定値の区間です.区間の長さを**階級幅** (class width) といいます.

表 1.1 に階級幅を 5g としたときの「牛丼データ」の度数分布表を示します.表中の**階級値** (class value) は階級を代表する値の呼び名であり,通常は階級の真ん中の値です.観測対象がその階級で観察される**確率** (probability) は度数をnで割った値です.**累積度数** (cumulative frequency) はその階級以下の度数の和です.当然ながら最後の階級でnに一致します.**累積確率** (cumulative probability) は

表 1.1 10個の牛丼弁当の具の重さの度数分布表 (階級幅 5 g)

階級値	階級	度数	確率	累積度数	累積確率
72.5 g	70 g 以上 75 g 未満	1	0.1	1	0.1
77.5 g	75 g 以上 80 g 未満	5	0.5	6	0.6
82.5 g	80 g 以上 85 g 未満	2	0.2	8	0.8
87.5 g	85 g 以上 90 g 未満	2	0.2	10	1.0

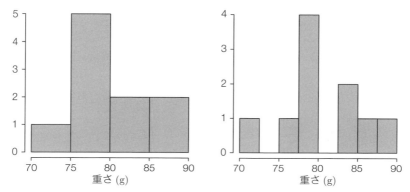

図 1.1　牛丼の重さのヒストグラム．左は階級幅 5 g，右は階級幅 2.5 g

累積度数を n で割った値です．最後の階級では 1 になります．

　度数分布表を観察すると，たとえば半分のデータが 75 g 以上 80 g 未満であること (階級値 77.5 g の階級の確率に注目します)，あるいは 8 割のデータが 85 g 未満であること (階級値 82.5 g の階級の累積確率に注目します) などがわかります．

　ヒストグラム (histogram) は，縦軸に度数，横軸に階級をとった統計グラフであり，分布のようすを視覚的に理解するために有効です．「牛丼データ」のヒストグラムを図 1.1 に示します．左図は階級幅 5 g で右図は階級幅 2.5 g で描きました．この 2 つの図を見てわかるように，ヒストグラムが示しているのはデータの唯一の視覚的イメージではありません．階級と階級幅を変えると，それにともなってヒストグラムの形状も変わることに留意しましょう．

● **1.1.2　データの要約的記述**

　度数分布表やヒストグラムはデータの有する豊かな情報を表現していますが，手軽さに欠けます．そこでデータの特徴を要約的に記述するための数的な指標を利用します．データを独立変数とみたときの関数

$$統計量 = f(データ) \tag{1.3}$$

を一般に**統計量** (statistic) といいます．特にデータの性質を記述するための統計量を**要約統計量** (summary statistic) といいます．また数的な指標でデータの特徴を要約することを**数値要約** (numerical summary) といいます．初等的な要約

統計量*1)には代表値と散布度があります.

分布の位置 (location) を記述する要約統計量を**代表値** (representative value) といいます. データ全体の特徴を1つの数値で表す場合には代表値を利用します. 具体的な代表値としては平均値・中央値・最頻値がしばしば利用されます.

代表値の中でももっとも頻繁に利用されるのが平均値です. **平均値** (mean) は, すべての測定値の合計を n で割って*2)

$$\bar{x} = \frac{1}{n}(x_1 + x_2 + \cdots + x_i + \cdots + x_{n-1} + x_n) \tag{1.4}$$

と求めます.「牛丼データ」の平均値は $\bar{x} = 80.6\,\mathrm{g}$ と計算できます. これは典型的な測定値の目安です. 残りの代表値である中央値と最頻値については後述します.

測定値が分布の中心的な位置から平均的にどれほど散らばっているかに関する要約統計量を**散布度** (dispersion) といいます. 散布度の要約統計量としては分散と標準偏差があります. **分散** (variance) は, 測定値から平均値を引いて2乗した値の平均であり,

$$s^2 = \frac{1}{n}((x_1 - \bar{x})^2 + \cdots + (x_i - \bar{x})^2 + \cdots + (x_n - \bar{x})^2) \tag{1.5}$$

と求めます.「牛丼データ」の分散は $s^2 = 22.3$ と計算できます.

ただし分散の単位は, 測定値の2乗になっていますから, その値を平均的な散布度として解釈するには不向きです. そこで平方根をとり,

$$s = \sqrt{s^2} \tag{1.6}$$

のように元の測定単位に戻します. これを**標準偏差** (standard deviation, sd) といいます.「牛丼データ」の標準偏差は $s = 4.7\,\mathrm{g}$ と計算できます. これらは平均からの平均的な散らばりの目安です. s が大きくなるにしたがって, 測定値は平均値から平均的に離れて観察されます. この意味で s の小ささは平均値の典型性の指標です.

これまでみてきた平均や分散や標準偏差のように, データの関数の平均の形式で求める統計量を**積率** (moment) 系の統計量といいます. それに対してデータを小さい順に並べ替え, その情報を利用して求める統計量を**分位** (quantile) 系の

---

*1) さらに高度な要約統計量としては, 分布の歪みを表現する**歪度** (skewness) と, 分布の裾の重さを表現する**尖度** (kurtosis) がありますが, 本書では割愛します.
*2) $\bar{x}$ は「えっくすバー」と読みます.

統計量といいます．主な分位系の統計量としては，**最小値** (minimum)・**最大値** (maximum)・中央値・%点があります．

たとえば「牛丼データ」を値が小さい順に並べ替えると

$$(70.8\,\text{g},\, 76.5\,\text{g},\, 78.0\,\text{g},\, 79.6\,\text{g},\, 79.7\,\text{g},\, 79.8\,\text{g},\, 83.9\,\text{g},\, 84.6\,\text{g},\, 85.1\,\text{g},\, 87.9\,\text{g})$$

となります．「牛丼データ」の最小値は $70.8\,\text{g}$ であり，最大値は $87.9\,\text{g}$ です．

代表値の 2 番目に挙げた**中央値** (median) は，並べ替えたデータの真ん中の値，すなわち

$$x_{med} = \begin{cases} \dfrac{n+1}{2}\text{番目の測定値} & n \text{ が奇数の場合} \\ \dfrac{n}{2}\text{番目と}\dfrac{n}{2}+1\text{番目の測定値の平均} & n \text{ が偶数の場合} \end{cases} \quad (1.7)$$

と定義される分位系の要約統計量です．「牛丼データ」の中央値は 5 番目と 6 番目の測定値の平均ですから，$79.75\,\text{g}\,(= (79.7 + 79.8)/2)$ となります．

α%点 (α percentile) とは，その測定値の下方に全データの α% があるような値[*3]です．たとえば「牛丼データ」の 30%点は $78.0\,\text{g}$ であり，70%点は $83.9\,\text{g}$ です．25%点，50%点 (中央値)，75%点を，それぞれ**第 1 四分位** (first quartile)，**第 2 四分位** (second quartile)，**第 3 四分位** (third quartile) といいます．3つまとめて**四分位点** (quartile point) といいます．

2つの%点の区間を考察することによって，データの**範囲** (range) を知ることができます．最大値と最小値によって構成される区間 (「牛丼問題」の例では区間 $[70.8, 87.9]$) にはすべての測定値が含まれます．両側10%のデータを捨てて構成される区間 (「牛丼問題」の例では区間 $[76.5, 85.1]$) には全体の80%の測定値が含まれます．

代表値の 3 番目に挙げた**最頻値** (mode, x_{mod}) は，もっとも度数の大きい階級の階級値です．図 1.1 を観察すると，階級幅 $5\,\text{g}$ の場合では，度数 5 の階級値である $77.5\,\text{g}$ が最頻値 x_{mod} となります．ところが階級幅 $2.5\,\text{g}$ の場合では，度数 4 の階級値である $78.75\,\text{g}$ が最頻値 x_{mod} となります．ヒストグラムの印象と同様に，連続的な変数の最頻値は階級・階級幅に依存し，値が変化する可能性があることに留意しましょう．

[*3] 中央値や%点に関しては，さまざまな定義があります．ここではもっとも単純で直観的な定義を示しました．連続的な変数に関しては，n の増加にともなって，どの定義で計算しても結果は実質的に変わらなくなります．

要約統計量がデータから計算されたことを強調し，次節で導入する理論分布のそれと明確に区別したい場合には，標本平均・標本中央値・標本分散・標本標準偏差など，**標本** (sample) という接頭語をつけて強調します.

● 1.2 理　論　分　布 ●

度数分布はデータ分布のようすを素直に表現しています (データ分布は**経験分布** (empirical distribution) ともいいます). 度数分布の状態を決める数的指標は階級の確率です. しかし階級の数が増えると, それにつれて階級の確率の数も増え, 度数分布はしだいに複雑になります.

また, たとえば 79 g 以上 82 g 未満の確率を知りたい場合など, 度数分布表に現れない階級の確率を知りたい場合には再集計しなくてはなりません. それは不便です. 単一のヒストグラムがデータの全体像を必ずしも示していないことも先に学びました. これらの欠点を克服するために, 度数分布ばかりではなく**理論分布** (theoretical distribution) をしばしば併用します.

● 1.2.1　正　規　分　布

範囲 $-\infty$ から $+\infty$ までで, 身長や体重など, 私たちの身の回りの様々な連続的な変数の分布の近似として, もっとも頻繁に利用される理論分布が**正規分布** (normal distribution) です. 平均値の付近に度数が大きく, 両側に離れるにしたがって, 度数が小さくなるデータを記述するのに適しています.

確率密度を与える関数を一般的に**確率密度関数** (probability density function, PDF, 略して**密度関数**) といい, 正規分布のそれは

$$f(x|\mu,\sigma) = \frac{1}{\sqrt{2\pi}\sigma} \exp\left[\frac{-1}{2\sigma^2}(x-\mu)^2\right], \quad -\infty \leq x \leq +\infty \tag{1.8}$$

と定義[*4)]されます. x が正規分布にしたがっているときには, $x \sim N(\mu,\sigma)$ と表記[*5)]します. ここで μ は平均, σ は標準偏差, σ^2 は分散を表します. 理論分布

[*4)] 縦棒 | は「ギブン (given)」と読み, たとえば $f(a|b)$ は「えふカッコえいギブンびー」と読みます. $\exp[a]$ は e^a です. e は 2.7182818$\cdots$ です. したがって $\exp[a]$ は定数 e の a 乗です. a が複雑な場合は, 肩に乗せると小さくなるので $\exp[a]$ と表記します. これを指数関数といいます.

[*5)] $\sim$ は「したがう」と読み, たとえば $x \sim N(\mu,\sigma)$ は「x は μ, σ の正規分布にしたがう」と読みます.

1.2 理論分布

のそれであることを強調したいときには，母平均・母標準偏差・母分散など，母 (population) という接頭語をつける場合[*6]もあります．理論分布の特徴を定めている数的指標を一般的に**母数** (parameter) といいます．正規分布では μ と σ です[*7]．

ここで気をつけなくてはいけないことは，(1.8) 式が与えているのは確率ではなく，**確率密度** (probability density) であることです．「牛丼データ」の1つ目の 70.8 g は，小数第2位で四捨五入した値であり，小数点以下ずっと測定したらピタリと 70.8 g となる確率は 0 です．重さのような連続的な測定値は，特定の点そのものが観察される確率を定義できません．データが観察される確率は点ではなく区間に付与されます．

下限 (この場合は $-\infty$) から x までの確率を与える関数を，一般的に**累積分布関数** (cumulative distribution function, CDF) (別名：確率分布関数，略して分布関数) といいます．正規分布の分布関数は

$$F(x|\mu, \sigma) \tag{1.9}$$

と表記します．たとえば平均が 80.6 であり，標準偏差が 4.7 である正規分布の密度関数と分布関数は，それぞれ $f(x|80.6, 4.7)$ と $F(x|80.6, 4.7)$ のように表記します．

下限からではなく，任意の区間でデータが観察される確率は，2つの分布関数の差で計算します．たとえば，次に注文する牛丼の具の重さが，75 g を超え 85 g 以下である確率は

$$F(85|80.6, 4.7) - F(75|80.6, 4.7) \simeq 0.83 - 0.12 = 0.71 \tag{1.10}$$

のように[*8]計算し，全体の約 71% ほど[*9]と見積もれます．

理論分布を利用すると特定区間に測定値が入る確率が評価できるだけではありません．逆に特定の確率で測定値が観察される範囲である**予測区間** (prediction interval) を構成することができます．特定の確率には 95% が利用されることが多いのですが，正規分布では理論的に，平均値を中心に標準偏差の ±1.96 倍の範囲

[*6] 文脈から明らかな場合には，「標本」も「母」もつけません．
[*7] μ と σ^2 といっても構いません．
[*8] $\simeq$ は「キンジ (近似)」と読み，たとえば $a \simeq b$ は「えいキンジびー」と読みます．
[*9] 分布関数の値は初等的な代数計算では求められませんから数値表や計算機を利用します．

に全データの 95% が分布することが知られています．つまり正規分布の場合には

$$F(\mu + 1.96\sigma|\mu, \sigma) - F(\mu - 1.96\sigma|\mu, \sigma) \simeq 0.95 \qquad (1.11)$$

となります．したがって「牛丼問題」に限らず，一般的に，正規分布の 95% 予測区間は $[\mu - 1.96\sigma, \mu + 1.96\sigma]$ と表現できます．推定値として，母平均には標本平均を利用し，母標準偏差には標本標準偏差を利用すると，たとえば「牛丼問題」における 95% 予測区間は $[71.4\text{g}, 89.8\text{g}]$ となります．注文する牛丼の具の重さは，95% の確率でこの区間で観測されると解釈します．10 個しかないデータから 95% 予測区間を素朴に構成するのは無理です．しかし正規分布という理論的視点を入れることによって，95% に限らず，何 % の予測区間でも構成できます．

経験分布と比較して，理論分布である正規分布は，平均と標準偏差というたった 2 つの母数だけで分布の状態が決まり，手軽で便利です．

図 1.2 の左図に正規分布の確率密度関数の例を示しました．$75 < x \leq 85$ に相当するこの曲線の面積は約 0.71 です．$-\infty < x \leq 75$ に相当するこの曲線の面積は約 0.12 です．確率と面積が一致すると便利なので，正規分布に限らず，確率密度関数の総面積は 1 です．図 1.2 の右図に，左図に相当する確率分布関数を示しました．$F(75|80.6, 4.7) \simeq 0.12$ と (1.10) 式が描かれています．図 1.2 の左図の形状からわかるように，正規分布の中央値と最頻値[*10]は平均 μ に一致します．

確率分布関数は，図 1.2 の右図のように

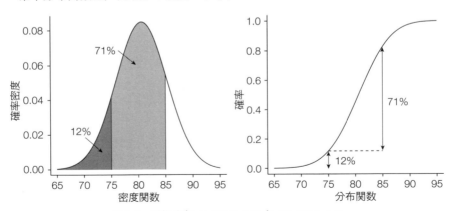

図 1.2　正規分布 $f(x|80.6, 4.7)$ と $F(x|80.6, 4.7)$

[*10]　理論分布の最頻値は，関数のピークを与える点です．

$$F(+\infty|\mu,\sigma) = 1 \tag{1.12}$$

であり，x の増加にともなって限りなく 1 に近づきます．

● **1.2.2 一 様 分 布**

理論分布は，正規分布ばかりではありません．ある範囲 α から β まで，均等に測定値が観察されると考えられる連続的変数の分布の近似に利用される理論分布が，**連続一様分布** (continuous uniform distribution)[*11] です．

範囲 α から β までの連続一様分布の確率密度関数は，2 つの母数 α, β を用いて

$$f(x|\alpha,\beta) = \frac{1}{\beta - \alpha}, \quad \alpha \leq x \leq \beta \tag{1.13}$$

と定義されます．x が一様分布にしたがっているとき $x \sim U(\alpha, \beta)$ と表記します．

一様分布の分布関数は，正規分布の分布関数とは異なり

$$F(x|\alpha,\beta) = \frac{x - \alpha}{\beta - \alpha} \tag{1.14}$$

のようにシンプルに表現できます．上限が β ですから (1.12) 式に相当する式は

$$F(\beta|\alpha,\beta) = 1 \tag{1.15}$$

となります．

たとえば正確に 15 分おきに発車するバス停があったとします．このバス停に，まったくデタラメに到着した人が，バスに乗車するまでの時間 x は，範囲 0 から 15 の連続一様分布に従うと仮定できます．確率密度関数は

$$f(x|0,15) = \frac{1}{15 - 0} \tag{1.16}$$

となり，5 分間から 10 分間待たされる確率は

$$F(10|0,15) - F(5|0,15) = \frac{10 - 5}{15 - 0} = 1/3 \tag{1.17}$$

となります．

図 1.3 の左図に一様分布の確率密度関数 $f(x|0,15)$ を示しました．区間 [0,15] において，同じ高さ 0.067 ($\simeq 1/15$) の確率密度を有します．図 1.3 の右図に，左

[*11] 一様分布には，連続型と離散型があります．今後特に混同の恐れのない場合には，連続一様分布を単に一様分布といいます．

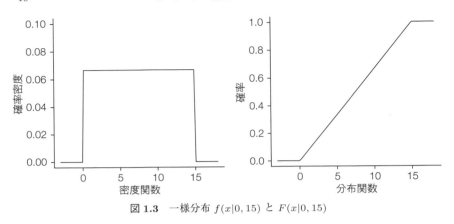

図 1.3　一様分布 $f(x|0,15)$ と $F(x|0,15)$

図に相当する確率分布関数 $F(x|0,15)$ を示しました．

一様分布の平均と標準偏差は，それぞれ

$$\frac{\beta+\alpha}{2} \tag{1.18}$$

$$\sqrt{\frac{\beta-\alpha}{12}} \tag{1.19}$$

であることが知られています．

バス停の例では，平均的に 7 分 30 秒 (=7.5 分=(15+0)/2) 待てば，バスに乗車できます．待ち時間の平均的なばらつきは，標準偏差を計算して，1 分 7 秒 ($\simeq 1.12$ 分 $\simeq \sqrt{(15-0)/12}$) であることがわかります．図 1.3 の左図の形状からわかるように，一様分布の中央値は平均値に一致します．また一様分布の最頻値は区間 $[\alpha, \beta]$ 内の任意の点です．

● **1.2.3　理論分布の 2 種類の使用法**

ここまでに理論分布の例として，正規分布と一様分布を学びました．その際，正規分布は牛丼の具の重さの分布として導入し，一様分布はバスの待ち時間の分布として導入しました．このようにデータ分布を理論分布で表現するとき，それを特に**データ生成分布** (data generating distribution) といいます．

理論分布はデータ生成分布としてばかりでなく事前分布としても利用されます．事前分布は，データ生成分布の母数の分布です．事前分布に関しては本章の後半で詳述しますが，ここでは「ベイズ統計学では理論分布をデータ生成分布と事前

分布の2種類の用途に利用する」と理解しておいてください．本書では主として，データ生成分布として正規分布を使用し，事前分布として一様分布を使用します．

● **1.2.4　データ分布と理論分布 (データ生成分布) との関係**

　表 1.1 の度数分布表によるデータ分布では，70 g 以上 75 g 未満の確率は 0.1 であり，75 g 以上 85 g 未満の確率は 0.7 (= 0.5 + 0.2) でした．図 1.2 の正規分布による理論分布では，70 g 以上 75 g 未満の確率は 0.12 であり，75 g 以上 85 g 未満の確率は 0.71 でした．両者は似ているようにも，異なるようにも見えます．

　牛丼の具の重さは正規分布に従っているのでしょうか？　n の増加にともなってこの差は縮まるのでしょうか？　いいえ，少なくともそのような**客観的証拠** (objective evidence)[*12] はありません．正規分布より適切な「牛丼の具の重さ」の分布が存在する可能性はあります．というより「牛丼の具の重さ」の真の**分布** (true distribution) は，数式では表現できないと考えるのが自然です．測定値の数が増えるにしたがって，データ分布と正規分布が，むしろはっきり乖離する場合もあります．

　正規分布は測定値が数万あろうと，それ以上であろうとたった2つの母数で分布の状態を完全に確定しますから，現実の度数分布表とピタリと一致することは期待できません．データ分布より，少数の母数で表現される理論分布のほうが記述の経済として便利なので，方便として利用するのです．

　学力試験の得点分布としては，その理論分布として当然のように正規分布が利用されます．しかし，この使用には方便として主観的に選ばれている以上の理由は何もありません．学力試験の得点分布は正規分布することが望ましいわけではありませんし，データ分布を子細に観察すれば，ほとんどの場合に正規分布に従っていないことが明らかになります．

　我々は，客観的なエビデンスに保障されて正規分布を利用しているのではありません．経験に基づき，その有用性・利便性・経済性をよりどころとし，客観的証拠なしに**主観的** (subjective) に正規分布を (あるいは一様分布をはじめとするその他の理論分布や統計モデルを) 選択し，利用しているのです．理論分布によるデータ生成分布と真のデータ分布は，厳密には一致しません．

[*12)] 「同一の確率分布からの互いに独立な測定値の標本平均の分布は，元の確率分布の形によらず，n の増加に伴っていくらでも正規分布に近づく」という**中心極限定理** (central limit theorem) は，生の測定値そのものの分布が n の増加にともなって正規分布に近づくことを意味していません．

1.3 理論分布の性質

理論分布の確率密度関数と確率分布関数は，一般性を失うことなく，それぞれ

$$f(x|\boldsymbol{\theta}), \qquad F(x|\boldsymbol{\theta}) \tag{1.20}$$

と表記できます．ここで $\boldsymbol{\theta}=(\theta_1,\theta_2,\cdots)$ であり，複数の母数をまとめて表現しています．以後，複数の母数は $\boldsymbol{\theta}$ で表現し，一般的な1つの母数は θ で表現します．この規則にしたがうと，正規分布の母数は $\boldsymbol{\theta}=(\theta_1,\theta_2)=(\mu,\sigma)$ と表現され，一様分布の母数は $\boldsymbol{\theta}=(\theta_1,\theta_2)=(\alpha,\beta)$ と表現されます．

1.3.1 同時分布

ここまでは1つの測定値の分布について論じてきました．本節では複数の測定値が同時に観察される分布である**同時分布** (joint distribution) について説明します．

x_1 と x_2 の分布が互いにまったく影響しないとき両者は**独立** (independent) であるといい，x_1 と x_2 の同時分布は互いの分布の積

$$f(x_1,x_2|\boldsymbol{\theta}) = f(x_1|\boldsymbol{\theta})f(x_2|\boldsymbol{\theta}) \tag{1.21}$$

となります．たとえば1杯目の牛丼の具と2杯目の具が，互いに影響し合わず盛られるとき，x_1 と x_2 は互いに独立です．このとき x_1 と x_2 の確率密度は，

$$f(x_1=76.5, x_2=83.9|\mu,\sigma) = f(x_1=76.5|\mu,\sigma)f(x_2=83.9|\mu,\sigma) \tag{1.22}$$

であり，それぞれが観察される確率密度の積で表現されます．

n 個の測定値 $\boldsymbol{x}=(x_1,x_2,\cdots,x_n)$ が互いに独立ならば，その同時分布は

$$f(\boldsymbol{x}|\boldsymbol{\theta}) = f(x_1|\boldsymbol{\theta})f(x_2|\boldsymbol{\theta})\times\cdots\times f(x_n|\boldsymbol{\theta}) \tag{1.23}$$

となります．

何杯目も互いに影響し合わず盛られるとき，「牛丼問題」におけるデータ全体 $\boldsymbol{x}$ が観察される確率は，

$$f(\boldsymbol{x}|\mu,\sigma) = f(76.5|\mu,\sigma)f(83.9|\mu,\sigma)\times\cdots\times f(79.7|\mu,\sigma)f(78.0|\mu,\sigma) \tag{1.24}$$

のように10個の項の積として表現されます．

● 1.3.2 条件付き分布

前項では，複数の測定値が互いに独立に観察される場合の同時分布について紹介しました．ここでは独立でない測定値について考えてみましょう．

例として x_1 を身長の測定値，x_2 を同じ人の体重の測定値とします．ここでは身長を測ってから，次に体重を測ります．このとき体重の測定値の分布は，すでに判明した身長の測定値に影響されます．したがって身長 x_1 と体重 x_2 は互いに独立ではなく，一般的には

$$f(x_1, x_2) \neq f(x_1)f(x_2) \tag{1.25}$$

のように[*13]，同時分布は個々の分布の積では表現できません．

たとえば，ある人の身長 x_1 が 190 cm であることが判明した場合と 140 cm であることが判明した場合では，明らかに体重 x_2 の分布が異なります．前者の方が平均体重が重くなり，体重の分布は全体的に右に移動するでしょう．つまり，ここでは身長 x_1 が体重 x_2 の分布の特徴の一部を決める母数として機能しています．

複数の測定値が互いに独立でない場合に，それらの同時分布は

$$f(x_1, x_2) = f(x_2|x_1)f(x_1) \tag{1.26}$$

と表現できます．ここで右辺の $f(x_2|x_1)$ は，x_1 が与えられた場合の x_2 の分布を表現し，これを**条件付き分布** (conditional distribution) といいます．つまり x_1 の分布と，x_1 が与えられた場合の x_2 の条件付き分布との積が x_1 と x_2 の同時分布になります．具体的には「身長の分布」と「身長で条件付けられた体重の分布」との積が「身長と体重の同時分布」[*14]となります．

これまで縦棒 | は，右側の母数を区別するために用いてきました．しかしここからは，その規則を発展的に変更し，「その右側に，条件付き分布の条件を示すための記号」として縦棒 | を利用します．この規則の下では，たとえば $f(x|\mu, \sigma)$ は，母数 μ, σ が与えられた (所与の) ときの x の条件付き分布といえます．このように，従来の使用法を含み，かつ矛盾が生じませんから，その意味で発展的変更なのです．

[*13] 正確には $f(x_1, x_2 | \mu_{身長}, \sigma_{身長}, \mu_{体重}, \sigma_{体重}) \neq f(x_1 | \mu_{身長}, \sigma_{身長}) f(x_2 | \mu_{体重}, \sigma_{体重})$ と表記すべきですが，煩雑なので，ここでは母数を省略します．

[*14] もちろん「体重の分布」と「体重で条件付けられた身長の分布」との積が「身長と体重の同時分布」といって構いません．

条件付き分布は，一般的に (1.26) 式の両辺を $f(x_1)$ で割り

$$f(x_2|x_1) = \frac{f(x_1, x_2)}{f(x_1)} \tag{1.27}$$

と表現されます．

● **1.3.3 事後の母数の分布の必要性**

データ分布は客観的な事実です．ここにデータ生成分布という理論の視点を導入しました．具体的には，牛丼の具の重さの平均 80.6 g と標準偏差 4.7 g を正規分布の母数と見立てました．牛丼の具の重さが，$x \sim N(80.6, 4.7)$ であるとみなすことにより，任意の区間の確率を滑らかに推測できて便利になりました．

しかし便利なのは，せいぜいこの位のものです．「牛丼問題」に対する現実的ニーズに関しては，たとえば

- 母平均がマニュアルで規定されている規定量 85 g よりも少ない確率は何%でしょう．
- 母平均がマニュアル違反の 80 g よりも少ない確率が 70%より大きいなら，クレームをつけたいのですが，私はどうすべきでしょう．
- 母平均と規定量 85 g との差は，母標準偏差の少なくとも何倍でしょう．
- お金に換算した不公平さの平均は少なく見積もっていくらでしょう．
- 4 回に 1 回は覚悟しなければいけない被害は何 g 以下の具でしょう．それは少なくとも，あるいは高々どれほどでしょう．
- 85 g 未満しか盛ってもらえない確率はどれほどでしょうか．それは少なくとも，あるいは高々どれほどでしょう．それが 90%より大きいなら，もうその店には行きたくないのですが，私はどうしたらいいでしょうか．

など，様々な疑問が湧いてきます．しかし標本平均と標本標準偏差を，正規分布の母平均と母標準偏差と見なすだけでは，これらの疑問に答えることはできません．

なぜ答えられないのでしょう．それは母数を点として考えているからです．たしかにデータの分布は $x \sim N(80.6, 4.7)$ で矛盾はないでしょう．しかし $x \sim N(81.0, 5.0)$ でも同じデータは観察されたかもしれません．$x \sim N(80.0, 4.0)$ でも，$x \sim N(80.7, 4.6)$ でも，$x \sim N(80.9, 4.9)$ でも同じデータは観察できるでしょう．平均値が大きい $x \sim N(90.0, 4.7)$ から，このデータが生成される可能性は低いかもしれません．等々，さまざまな可能性があります．したがってデータばかりでなく母数も分布すると考えることが自然です．

データという情報が与えられた後の母数の条件付き分布を導くのがベイズの定理です．ここではベイズの定理を紹介する前に，一足先に，「牛丼問題」の母数の分布を見てみましょう．データ $\bm{x}$ が所与のときの母数 μ と σ の条件付き分布

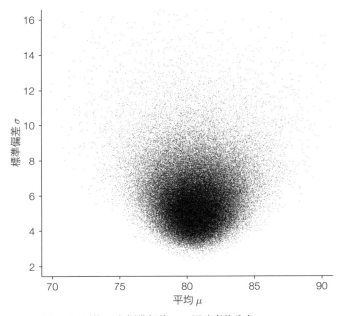

図 1.4　平均 μ と標準偏差 σ の同時事後分布 $f(\mu, \sigma|\bm{x})$

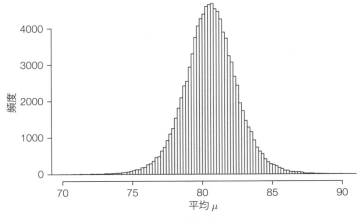

図 1.5　平均 μ の事後分布 $f(\mu|\bm{x})$

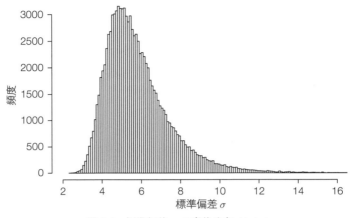

図 1.6 標準偏差 σ の事後分布 $f(\sigma|\boldsymbol{x})$

$f(\mu, \sigma|\boldsymbol{x})$ の散布図が図 1.4 です. データ $\boldsymbol{x}$ が所与のときの μ の条件付き分布 $f(\mu|\boldsymbol{x})$ のヒストグラムが図 1.5 であり, σ の条件付き分布 $f(\sigma|\boldsymbol{x})$ のヒストグラムが図 1.6 です. ベイズ分析では, 統計的推論の多くを母数の分布を通じて行います. これらの母数の分布は, いったいどのようにして描かれたのでしょう. それでは, いよいよベイズの定理を導出します.

1.4 ベイズの定理

(1.27) 式における x_1, x_2 を, それぞれ $\boldsymbol{x}, \boldsymbol{\theta}$ に置き代えると

$$f(\boldsymbol{\theta}|\boldsymbol{x}) = \frac{f(\boldsymbol{x}, \boldsymbol{\theta})}{f(\boldsymbol{x})} \tag{1.28}$$

を得ます. さらに (1.26) 式における x_1, x_2 を, 今度は逆に, それぞれ $\boldsymbol{\theta}, \boldsymbol{x}$ に置き代え, 上式右辺の分子に代入すると

$$f(\boldsymbol{\theta}|\boldsymbol{x}) = \frac{f(\boldsymbol{x}|\boldsymbol{\theta})f(\boldsymbol{\theta})}{f(\boldsymbol{x})} \tag{1.29}$$

となります. これがベイズの定理 (Bayes' theorem), あるいはベイズの公式 (Bayes' formula)[*15] です. 左辺の $f(\boldsymbol{\theta}|\boldsymbol{x})$ は事後分布といいます. 事後とは「データを観察した後の」という意味です. ベイズの定理は「データで条件付けられた

[*15] 正確には, この式を分布に関するベイズの定理といいます. 他にも確率に関するベイズの定理がありますが, 本書では割愛します.

母数の分布を与える定理」です．(1.8) 式や (1.13) 式のような，母数で条件付けられたデータの分布とは，逆の関係であることが重要なポイントです．さきに，条件付き分布として紹介した図 1.4, 図 1.5, 図 1.6 が母数の事後分布です．

右辺の $f(\boldsymbol{x}|\boldsymbol{\theta})$ は尤度といい，$f(\boldsymbol{\theta})$ は (母数の) 事前分布といい，$f(\boldsymbol{x})$ は正規化定数といいます．ベイズの定理を文字で書き下すと

$$事後分布 = \frac{尤度 \times 事前分布}{正規化定数} \tag{1.30}$$

となります．以下にひとつひとつの項について解説をします．

● 1.4.1 尤度 $f(\boldsymbol{x}|\boldsymbol{\theta})$

データ生成分布として正規分布を選び，その尤度 $f(\boldsymbol{x}|\boldsymbol{\theta})$ を例示するなら，$\boldsymbol{x} = (x_1, \cdots, x_n)$ であり，$\boldsymbol{\theta} = (\mu, \sigma)$ ですから，

$$\begin{aligned} f(\boldsymbol{x}|\boldsymbol{\theta}) &= f(\boldsymbol{x}|\mu, \sigma) = f(x_1, \cdots, x_n|\mu, \sigma) \\ &= f(x_1|\mu, \sigma) f(x_2|\mu, \sigma) \times \cdots \times f(x_n|\mu, \sigma) \end{aligned} \tag{1.31}$$

となります．これは (1.23) 式で導入したデータの同時分布と形は同じです．

ただし同時確率分布は母数を定数として扱い，データを変数として扱った場合の呼称です．たとえば表の出る確率が 0.5 のコインを 3 枚投げて表が 3 枚である確率は 1/8 であり，表が 2 枚である確率は 3/8 と計算されます．これは母数を定数として扱い，データを変数として扱っていますから，1/8 や 3/8 は確率です．

しかし通常は母数の値は未知です．それに対して，データは観察されますから定数として固定できます．現実場面では，たとえば「コインを 3 枚投げて表が 1 枚出たとき，表の出る確率はどの程度だろう」，「10 杯の具の重さが観察されたとき，その母平均と母標準偏差はどの程度だろう」という問題設定が自然です．ふつうは母数は未知，データは既知なのです．さきとは逆に，母数を変数として扱い，データを定数として確率密度関数を扱った場合には，同じ式を**尤度** (likelihood) と呼びます．

データを固定して母数を動かし，尤度が最大になる値を探します．そのようにして見つかった尤度を最大にする母数の値は，「その値の下で手元のデータが確率的に最も観測されやすい」という特別な意味を持っています．このためその値は，母数の推定値として利用できます．

一般的に，データの関数によって母数を推定する方法 (あるいは関数) を推定量

といい，具体的に推定された値を推定値といいます．観察されたデータ x を固定し，尤度が最大になるように母数を推定する方法を**最尤推定量** (maximum likelihood estimator) といい[*16]，推定された値を**最尤推定値** (maximum likelihood estimate) といいます．

理論分布が正規分布である場合には，母平均 μ の最尤推定量は標本平均 $\bar{x}$ に一致し，母標準偏差 σ の最尤推定量は標本標準偏差 s に一致することが知られています．これを

$$\boldsymbol{\theta}_{mle} = (\mu_{mle}, \sigma_{mle}) = (\bar{x}, s) \tag{1.32}$$

などと書く場合もあります．$\boldsymbol{\theta}_{mle}$ は最尤推定量の一般的な表記です．最尤推定法は，ベイズ統計学 (Bayesian statistics) が台頭する以前の伝統的な統計学において，20 世紀中もっとも一般的で，頻繁に利用される母数の推定方法でした．

● 1.4.2　事前分布 $f(\boldsymbol{\theta})$

事前分布 $f(\boldsymbol{\theta})$ は母数の分布です．事前とは「データを観察する前の」という意味です．データを見る前に，母数がどの辺りにあるかに関する分析者の主観的な信念が**事前 (確率) 分布** (prior (probability) distribution, 単に prior ともいう) です．正規分布のように母数が複数 (μ, σ) あり，いっしょに扱いたい場合には，**同時事前分布** (joint prior distribution) といいます．

本書の範囲では複数の母数は互いに独立であることを仮定します．たとえば正規分布における μ と σ を互いに独立と見なし，同時事前分布は

$$f(\boldsymbol{\theta}) = f(\mu, \sigma) = f(\mu)f(\sigma) \tag{1.33}$$

のように，平均の事前分布と標準偏差の事前分布の積として表現します．

ベイズ的統計分析は，私的分析と公的分析に分類することができ，分析者はこれから行う分析が，そのどちらであるかをはっきり認識する必要があります．**私的分析** (private analysis) は，分析結果を分析者 (とその仲間たち) が享受する分析です．この場合は自己責任ですから，比較的自由に事前分布を定めて構いません．計算が簡便だったり，結果が迅速に安定する事前分布，あるいは分析者本人がそう信じる事前分布が選ばれます．本書では，私的分析は解説しません．

[*16] 「最も 尤_{もっと}もらしい推定」という意味です．

1.4 ベイズの定理

　公的分析 (public analysis) は，分析結果を論文や報告書や著作を通じてその知見を社会に還元するための分析です．公的分析では客観性・公平性が事前分布に求められます．主観的な信念に関する客観性という表現はそもそも矛盾していますが，科学論文の結果が分析者ごとに異なってしまっては困ります．あるいは出したい結論があって，それに合わせて事前分布を選んだのだろうと批判されても困ります．

　公的分析における事前分布として具体的に求められるのは無情報的事前分布です．**無情報的事前分布** (non–informative prior distribution) とは，その事前分布を用いて得られる事後分布に，その事前分布ができるだけ影響しないような事前分布です．無情報的分布としては，特定の領域に厚くなく，広く薄い信念を表明している形状が望まれます．広く薄い形状の理論分布は多数ありますが，本書ではその条件を満たす理論分布として一様分布を利用[*17]します．たとえば正規分布の母数には

$$f(\mu) = f(\mu|\alpha_\mu, \beta_\mu) = \frac{1}{\beta_\mu - \alpha_\mu} \tag{1.34}$$

$$f(\sigma) = f(\sigma|\alpha_\sigma, \beta_\sigma) = \frac{1}{\beta_\sigma - \alpha_\sigma} \tag{1.35}$$

という事前分布を設定します．

　母標準偏差 σ は 0 より大きい領域で定義されますから，データの性質によらず，下限 $\alpha_\sigma = 0$ の条件が付きます．「牛丼データ」は重さ (g) のデータですから，母平均 μ も負の値はとり得ず，下限 $\alpha_\mu = 0$ という条件を付けるべきです．

　一様分布は正規分布とは異なり，区間を無限大にすると確率密度が 0 になり，厳密には確率密度関数ではなくなります．これを**変則分布**とか**変則事前分布** (improper prior distribution) といいます．ただしこのような変則事前分布を用いても，事後分布は発散することなくベイズの定理を利用できることが知られています．したがって β_μ と β_σ に関しては十分に大きな値か，さもなくば無限大を設定します．

　ただしこの選択をあまり神経質に考える必要はありません．十分に広い区間を指定すれば，無限大の区間を指定した場合と実用的な意味で結果が変わらないことが知られているからです．

[*17] 他の事前分布の可能性を否定するのではありません．一様分布の利用は，予備知識が少なくて済みます．そこで入門段階における 1 つの有効な選択肢として一様分布を利用します．

ベイズの定理の式の中で母数に関する本質的な情報を含んだ部分を**カーネル** (kernel, 核) といいます．しばしば尤度と事前分布の積 (ベイズの定理の分子) がカーネルになります．

● 1.4.3　正規化定数 $f(x)$

ベイズの定理の分母 $f(x)$ を**正規化定数** (normalizing constant) あるいは**正規化係数** (normalizing coefficient) といいます．正規化定数には母数がないのでカーネルに含めません．

導出は割愛しますが，正規化定数には複雑で高次な積分が含まれ，数値的な評価の難しいパーツでした．20 世紀中にベイズ統計学が利用されなかった理由の 1 つは，この複雑な積分を評価できなかったからです．しかし現在は，後述するマルコフ連鎖モンテカルロ法 (MCMC 法) を利用して，正規化定数を計算せずに事後分布を評価することが可能になりました．

● 1.4.4　事後分布 $f(\boldsymbol{\theta}|\boldsymbol{x})$

事後 (確率) 分布 (posterior (probability) distribution, 単に posterior ともいう) $f(\boldsymbol{\theta}|\boldsymbol{x})$ は，データが与えられた後の母数の条件付き分布です．ベイズの定理は事後分布[*18]を与える定理です．正規化定数には母数が含まれていませんから，事後分布は

$$f(\boldsymbol{\theta}|\boldsymbol{x}) \propto f(\boldsymbol{x}|\boldsymbol{\theta})f(\boldsymbol{\theta}) \qquad (1.36)$$

のように尤度と事前分布の積からなるカーネル部分だけを示す[*19]ことがあります．

ただし事前分布として一様分布を利用した場合は，事前確率密度が (1.13) 式で定義されたように定数となりますから，カーネルは尤度のみとなります．この場合，事前分布で母数が定義される範囲において

$$f(\boldsymbol{\theta}|\boldsymbol{x}) \propto f(\boldsymbol{x}|\boldsymbol{\theta}) \qquad (1.37)$$

となります．したがって母数の事後分布は尤度だけで特徴付けられます．

[*18)] 図 1.4 の μ と σ のように，複数の母数を同時に扱い，それを正式に表現するときには，**同時事後分布** (joint posterior distribution, あるいは simultaneous posterior distribution) といいます．

[*19)] $\propto$ は「プロポーション」と読み，両辺は比例するという意味です．$y = 2x - 2 = 2(x-1)$ ならば $y \propto (x-1)$ と表記できます．

そのことを確かめてみましょう．事前分布として (1.34) 式，(1.35) 式を利用すると，ベイズの定理 (1.29) 式より，平均 μ と標準偏差 σ の同時事後分布は，事前分布で母数が定義される範囲において

$$f(\mu, \sigma|\bm{x}) \propto f(\bm{x}|\mu, \sigma) f(\mu) f(\sigma) \tag{1.38}$$
$$= f(\bm{x}|\mu, \sigma)(1/(\beta_\mu - \alpha_\mu))(1/(\beta_\sigma - \alpha_\sigma))$$
$$\propto f(\bm{x}|\mu, \sigma) \tag{1.39}$$

となります．たしかに事後分布から事前分布の影響は消えました．このとき事後分布は尤度のみに比例し，尤度の最大値と事後分布の最大値は一致します．

1.5 事前分布によせて

実験データの解析 (analysis of experimental data) は，R.A. フィッシャー (Sir Ronald Aylmer Fisher) が創始した学問です．さらにフィッシャーは，広範囲の実験学問に決定的な影響を与えた『実験計画法』[20]を著し，理論体系を構築したばかりでなく，普及までも自ら行いました．

フィッシャーはベイズ統計学に対してたいへん批判的でした．名著『実験計画法』の序章第 3 節において，わざわざ「逆確率の否定」というタイトル[21]の節を設けているほどです．そこで徹底的にベイズ統計学を批判し，実験データの解析をする分析者がベイズ統計学に近づかないように釘を刺しています．

しかし「ベイズ統計学と伝統的統計学のどちらが正しいか」という問いはそもそも成立しません．物理や医学やその他の実質科学では，どちらの学説が正しいかの激しい議論がしばしば展開され，決着がつき，学問が進歩します．これに対して統計学は数学ですから，異なった前提に基づいて，異なった理論が併存することが可能です．両者の一番の相違は，母数に分布を与えるか，与えないかです．ベイズ統計学は前者であり，伝統的統計学は後者です．それは数理的な前提の相違にすぎず，そこから演繹される理論体系はどちらも数学的に正しいのです．あえていうならば，どちらが便利かという問題であり，本書はベイズ統計学の立場をとります．ベイズ統計学のほうが理論の一貫性が高く便利だからです．

---

[20] R.A. Fisher (1935) "*The design of experiments.*", Oliver & Boyd. (遠藤健児・鍋谷清治訳 (2013)『実験計画法』，森北出版．)
[21] 逆確率の理論とは，ベイズ統計学のことです．

ただし歴史的経緯を鑑みるに，ベイズ統計学に対するエモーショナルな批判が絶対にないとは言いきれません．そこで想定される典型的な批判に対する想定問答を以下に示します．ベイズ統計学に対する批判は事前分布に集中します．

● 1.5.1　批判1：主観的な事前分布を利用することは科学的でない

「客観的なエビデンスに基づいて分析を進めるのが科学的方法論であり，データを取る前に，母数の事前分布を主観的に定めることは，この原則に照らして適当でない」とベイズ統計学は，長年攻撃されてきました．

事前分布は主観確率を表明しています．したがって確かに主観的選択です．しかし頻度論に基づき**客観確率**と呼ばれる尤度も「データの分布が正規分布にしたがっているはず」という分析者の主観によって選択されています．客観的証拠がないばかりでなく，必ずしも正しくないことを知りつつ，方便として主観的に利用してきました．尤度も事前分布も両方とも主観で選ばれています．

事前分布として一様分布を選択すると，(1.39) 式で示したように，尤度と事後分布は比例し，その意味で事前分布の影響は消えてしまいます．したがって母数に関する推論に尤度の影響しか残りません．事後分布に事前分布が影響しないことが無情報的事前分布の定義ですから，その意味で一様分布は無情報です．

● 1.5.2　批判2：事前分布は変数変換に対して不変ではない

事前分布に対する典型的な批判のもう1つは「母数 θ の事前分布が一様分布であるとき，一見無情報のようにも見えるが，θ の変換値は必ずしも一様分布にならない．たとえば標準偏差 σ に区間 $[0, 100]$ の一様分布を選択すると，分散 σ^2 は区間 $[0, 10000]$ の一様分布にはしたがわなくなる．一様でないなら何らかの情報を表現している．したがって一様分布は無情報ではない」というものです．

たしかに変数変換に対して不変であれば[*22] それは望ましい性質といえます．しかし伝統的な統計学における尤度を構成する分布も変数変換に対して不変ではなく，これは事前分布だけの欠点ではありません．

たとえば尤度に利用される正規分布も変数変換に対して不変ではありません．正規分布は多くの現象の近似モデルとして利用され，さきにも例示したように体

[*22] 変数変換に対して変化が緩やかな事前分布も存在しますが，入門的ではないので，本書ではそれらに言及しません．

重の分布にも身長の分布にも利用されます．体重は体積に近似的に比例します．身長は長さです．このため身長の3乗は体重に近似的に比例します．体重の3乗根が身長に近似的に比例するともいえるでしょう．

しかし正規分布の3乗や3乗根は，正規分布になりません．したがって身長と体重の両方に正規分布をあてはめることは，厳密にいうならば，本来的に自己矛盾しています．伝統的な統計学においても，変数変換に対して結果が不変であることは，データ解析の必要条件ではありませんでした．

ちなみに標準偏差 σ に区間 $[0, 100]$ の一様分布を選択しても，分散 σ^2 に区間 $[0, 10000]$ の一様分布を選択しても尤度の影響しか残らないという観点からは不変です．つまり変数変換した後の母数に一様分布を選択するなら，変換の種類によらず，事前分布は事後分布のカーネルに影響しません．この意味からも一様分布は無情報です．

1.6　モンティ・ホール問題

図1.4から図1.6までは，天下り的に母数の事後分布を観察しました．以下の問題を利用して，母数の事後分布を導いてみましょう．

> モンティ・ホール問題 (Morty Hall problem)：モンティ・ホールという名の司会者によるテレビのクイズ番組でのことです．A, B, C の 3 つのドアがあります．その 1 つのドアの後ろには当たりの高級車があります．他の 2 つのドアの後ろにはハズレの山羊がいます．当たりのドアを選べば，その高級車をもらえます．挑戦者はドア A を選択しました．ここでモンティは，ショーアップのために挑戦者が選んでいないドア B を開けました．そこには山羊が入っていました．ここでモンティは挑戦者にこう言いました．「最初に選択したドア A ではなく，今なら残っているドア C に変えることもできます．どうしますか？」挑戦者は，最初に選んだドア A のままでいるか，もう 1 つのドア C に選択を変えるか，どちらが得でしょう．あるいは同じでしょうか．

この問題は「最初に選んだドア A のままで高級車のもらえる確率は 1/2 であ

る」と回答する人が，圧倒的に多いことが知られています．1/2を「直観解」と呼びます．

　この問題をベイズの定理 (1.29) 式を使って考察します．ドア A が当たりである確率と，ドア C が当たりである確率は足すと 1 です．どちらを考えても同じですから，ここではドア A が当たりである確率を考えます．

　知りたいのは，ドア B の後ろに山羊 (goat) がいたという条件 B_g のもとで，ドア A の後ろに高級車 (car) のある A_c という確率であり，この確率

$$f(A_c|B_g) \tag{1.40}$$

がベイズの定理の左辺です．

　$\boldsymbol{\theta}$ を A_c に置き換え，$\boldsymbol{x}$ を B_g に置き換えたのですから，ベイズの定理の右辺は自動的に決まり，

$$f(A_c|B_g) = \frac{f(B_g|A_c)f(A_c)}{f(B_g)} \tag{1.41}$$

となります．

　分母 $f(B_g)$ の「ドア B の後ろには山羊がいる確率」はどのように求めたらいいのでしょうか？　この確率は，「ドア A の後ろに高級車がある場合との同時確率 $f(A_c, B_g)$」と，「ドア C の後ろに高級車がある場合との同時確率 $f(C_c, B_g)$」との和です．さらに公式 (1.26) を使うと

$$\begin{aligned} f(B_g) &= f(A_c, B_g) + f(C_c, B_g) \\ &= f(B_g|A_c)f(A_c) + f(B_g|C_c)f(C_c) \end{aligned} \tag{1.42}$$

となります．これを (1.41) 式に代入すると，ドア A の後ろに高級車 (car) のある事後分布

$$f(A_c|B_g) = \frac{f(B_g|A_c)f(A_c)}{f(B_g|A_c)f(A_c) + f(B_g|C_c)f(C_c)} \tag{1.43}$$

が求まります．

　ここで $f(A_c)$ と $f(C_c)$ は，司会者がドア B を開ける前にドア A, C に高級車が入っている事前の確率ですから，それぞれ 1/3 が自然です．$f(B_g|C_c)$ は，高級車がドア C に入っているときに，司会者がドア B を開けて山羊がいることを示す確率です．これは 1 であり，必ずドア B を開けます．なぜならば高級車がド

C に入っているときに，ドア C を開けたら賭けが成立しなくなるからです．以上の考察から，(1.43) 式は

$$f(A_c|B_g) = \frac{f(B_g|A_c) \times (1/3)}{f(B_g|A_c) \times (1/3) + 1 \times (1/3)}$$

$$= \frac{f(B_g|A_c)}{f(B_g|A_c) + 1} \tag{1.44}$$

と特定されました．

右辺に残った $f(B_g|A_c)$ は，ドア A の後ろに高級車があるときに，司会者がドア B を開ける確率です．この場合は，ドア B かドア C を開けるのですから

$$f(B_g|A_c) = 1 - f(C_g|A_c) \tag{1.45}$$

は明らかです．しかし具体的な値が問題文には明記されていませんから，その値は誰にも決められません．

どちらが大きいかは区別はつかないということで，仮に $f(B_g|A_c) = f(C_g|A_c) = 1/2$ と置くと $f(A_c|B_g) = 1/3$ となります．$f(C_c|B_g) = 2/3$ ですから，ドア A に留まるよりも，ドア C に移動したほうが，高級車をもらえる確率が 2 倍になります．この 1/3 を「模範解」と呼びます．しかしこの「模範解」は「直観解」の 1/2 とはずいぶん異なります．

わからない状態を 1/2 のみで代表させ，題意よりも相当に強い数学的制約を入れてよいのでしょうか．よいはずがありません．「モンティ・ホール問題」が初見であるほとんどの回答者は，この問題を解くために，$f(B_g|A_c)$ の確率評価が必要であること自体に気がつきません (筆者も気がつきませんでした．それに対して $f(A_c) = f(B_c) = f(C_c) = 1/3$ は，回答者に自然に意識されます)．存在に気がつかないのですから 1/2 という信念は持ちようがないし，把握している前提が異なってるのですから，「模範解」から直観がずれても，実は不思議でも何でもありません．

2 つの状態のどちらが生じるか不確実であることと，確率 1/2 で生じることとは，等価ではありません．存在が意識されていない以上，確率そのものが不明と仮定したほうが自然です．そこで数学的な制約がより緩やかな状態として $f(B_g|A_c)$ に無情報的事前分布を仮定します．$f(B_g|A_c)$ は確率ですから「牛丼問題」の μ, σ とは異なります．確率の定義域である区間 $[0, 1]$ の一様分布を仮定します．

区間 $[0, 1]$ の一様乱数を 100 万個発生させ，(1.44) 式に代入し，求めた値で描

いたヒストグラムが図1.7です．全体の面積が1になるように縦軸を調整し，確率密度関数の近似を与えるようにしています．これが乱数による「ドアAの後ろに高級車のある確率」の事後分布です．

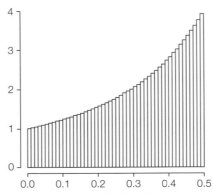

図1.7　ドアAの後ろに高級車がある確率の事後分布

さて母数の事後分布が，乱数の近似として，まるでデータのように手に入りました．次はどうしたらいいのでしょう．牛丼の具の重さの測定値は，さまざまな値をとり分布しました．分布のようすを知るために代表値を求めてその性質を数値要約しました．

母数の分布も同じです．母数の確率分布はそのままでは機動性に欠けるので数値要約します．具体的には，平均と中央値と最頻値を求めます．実は第2章で母数の分布の平均値，中央値，最頻値は，それぞれEAP推定値 θ_{eap}，MED推定値 θ_{med}，MAP推定値 θ_{map} と呼ばれるようになります．

本書では導出を割愛しますが，図1.7の事後分布は解析的に求めることも可能であり，横軸を θ で表現すると

$$\frac{1}{(\theta-1)^2}, \quad \text{ただし } 0 < \theta < 1/2 \tag{1.46}$$

であることが豊田 (2015) によって示されています．乱数が100万個あるので，平均と標準偏差は，そのまま計算してもほとんど変わらず，最頻値は見たとおりで

$$\theta_{eap} \simeq 0.30678, \qquad \theta_{med} = 1/3, \qquad \theta_{map} = 1/2 \tag{1.47}$$

となります．「模範解」1/3は事後分布の中央値です．もちろん1つの解として正

しいのですが，分布の代表値は中央値だけではありません．

　直観的な解である 1/2 は，事後確率として確率的にもっとも高い確率を与える正解の 1 つです．ゆえに「モンティ・ホール問題」の回答として「直観解」1/2 は間違っていません．番組登場が一期一会の晴れ舞台である挑戦者としては，確率的に最もありそうな 1/2 を答えとすることは自然で，これが正解です．

　もしこの番組のスポンサーなら，事後確率をどう代表させたらよいのでしょう．商品を継続的に用意しなければならない番組スポンサーとしては，長期にわたった経費を問題にしたいでしょう．したがって番組スポンサーにとっては，事後分布の平均値である 0.30678 が心情に寄り添った正解となります．

　本章では母数の乱数を，あたかも測定データのように扱いました．これが，MCMC によるベイズ統計分析の神髄です．以後，同様のストラテジが本書の最後まで展開されます．また事後分布を実際に導くのは，これが最初で最後です．今後は事後分布の発生は MCMC に任せ，その分析に専心します．

● 1.7　章　末　問　題 ●

> **足し算問題**：大手学習塾 A のいくつかの教室で，足し算の正答数 (10 分間) が記録されました．以下が 100 人分の成績です．このデータには，どのような傾向があるでしょう．
>
> 36, 38, 51, 40, 41, 52, 43, 31, 35, 37, 49, 43, 43, 41, 36, 53, 43, 26, 45, 37, 33, 38,
> 33, 35, 36, 28, 46, 41, 32, 49, 43, 38, 46, 46, 46, 45, 44, 40, 38, 37, 35, 39, 31, 55,
> 48, 32, 37, 37, 45, 39, 42, 40, 40, 50, 38, 51, 29, 44, 41, 42, 43, 36, 38, 33, 32, 42,
> 43, 40, 46, 54, 37, 24, 47, 35, 35, 47, 38, 31, 41, 39, 40, 43, 37, 45, 38, 42, 48, 43,
> 38, 48, 47, 44, 42, 36, 50, 36, 55, 51, 38, 33

1) 階級幅 5 で度数分布表を作成しなさい．
2) 階級幅をいろいろに変えてヒストグラムを描き，形状を観察しなさい．
3) 標本平均，標本分散，標本標準偏差を求めなさい．
4) データをソートし，最大値と最小値を求めなさい．
5) 中央値を求めなさい．階級幅 1 で最頻値を求めなさい．
6) 標本平均と標本標準偏差を正規分布の母数として扱い，以下の問いに答え

なさい.
(a) 30 付近の値と 40 付近の値ではどちらが観察されやすいでしょう.
(b) 45 以上の値が観察される確率はどれほどですか.
(c) 35 以上 40 未満の値が観察される確率はどれほどですか.
(d) 95%の確率でデータが観察される中央部の (一番狭い範囲の) 区間を求めなさい.
(e) $p(x>a)=0.05$ であるような点 a を求めなさい.
ヒント：$F(\mu+1.64\sigma|\mu,\sigma)\simeq 0.95$ という性質が正規分布にあることを利用します.
(f) 3 つの四分位点を求めなさい.

2 MCMC と正規分布の推測

■ ■ ■

本章では主として 2 つのことを学習します．1 つはマルコフ連鎖モンテカルロ法 (MCMC 法) による事後分布の評価方法と解釈方法です．もう 1 つは 1 群のデータに対する平均などの推測の方法です．この方法は，伝統的な統計学における **1 群の t 検定** (t test for one group) に対するオルタナティヴ[*1]です．

● 2.1 マルコフ連鎖モンテカルロ法 ●

事後分布の中の正規化定数には高次積分が含まれることを先章で述べました．さらに (本書では子細を割愛しますが) 母数の性質を推論する際にも，事後分布自体の高次積分が必要になります．その次数は数十から数千に及ぶこともあり，その高次積分を解析的に評価することは，もはや不可能です．このような理由から，ベイズ統計学が 20 世紀中に市民権を得るという選択肢はありませんでした．ところが近年，計算機パワーを利用し，発想の転換を図ることで，高次積分の問題は解決されました．

● 2.1.1 乱数による事後分布の近似

その発想の転換とは「解析的な重積分を避け，事後分布にしたがう乱数を発生させ，事後分布そのものをデータとして手にする」ことです．このアイデアが実践的かつ効果的だったので，単純で統一的な理論体系を有するベイズ統計学が，がぜん注目されるようになりました．そのアイデアを実装する数値計算の技術が**マルコフ連鎖モンテカルロ法** (Markov chain Monte Carlo method, MCMC 法)

[*1] これから先，いくつかの章の冒頭で「この方法は，伝統的な統計学における A 検定に対するオルタナティヴです．」という表記が登場します．この部分は伝統的な統計学を既履修の読者のための道しるべです．本書で 1 から統計学に入門する読者の方は A 検定を知らなくて構いません．たとえば本章を読むために「1 群の t 検定が，何であるか」を知っている必要はありません．

と呼ばれる 1 群のアルゴリズムです[*2]．

MCMC 法には，メトロポリス・ヘイスティングス法 (Metropolis-Hastings methods, MH 法)・ギブスサンプリング法 (Gibbs sampling methods, GS 法) など，様々な方法が提案されています．本書ではハミルトニアンモンテカルロ法 (Hamiltonian Monte Carlo method, HMC 法) を利用します．

図 1.4 では「牛丼問題」の母数 μ と σ の同時事後分布に関して，MCMC 法で 10 万個の乱数を発生させ，その散布図を示したのでした．これがサンプリングされた母数です．また μ の事後分布のヒストグラムを図 1.5 に示し，σ の事後分布のヒストグラムを図 1.6 に示しました．現代的なベイズ分析では，統計的推論の多くを，このサンプリングされた母数の分析を通じて行います．

サンプリングされた母数をさながらデータのように扱い，あたかも要約統計量を求めるような単純明快な方法論[*3]が展開されます．記述統計分析と推測統計分析には，単純で密接な対応関係があり，その方法論を次節から学びます．しかし本節ではまず乱数の性質の評価・解釈について学習します．

● **2.1.2 事前分布の設定**

図 1.4 の乱数は発生の際に，μ の事前分布に関しては $\alpha_\mu = 0, \beta_\mu = 1000$ の一様分布を選びました．母平均に関しては，0 g から 1000 g までまったく一様で，どこにあるか分からないという信念の表明です．重さなのですから負の領域に μ が存在しないことは明らかです．また「平均的に 1 kg 以上具をのせていないという信念」を表明しても，それが主観的すぎると批判される恐れは (たぶん) ないでしょう．同様の理由から σ の事前分布に関しては $\alpha_\sigma = 0, \beta_\sigma = 100$ の一様分布を選び

$$f(\mu) = f(\mu|0, 1000) = 1/1000, \quad (0 < \mu < 1000) \qquad (2.1)$$

$$f(\sigma) = f(\sigma|0, 100) = 1/100, \quad (0 < \sigma < 100) \qquad (2.2)$$

$$f(\boldsymbol{\theta}) = f(\mu, \sigma) = f(\mu)f(\sigma) \qquad (2.3)$$

[*2] 紙面の関係から MCMC 法自体の解説は割愛します．興味のある読者は，豊田 (2015) を参照してください．
[*3] そこには目的ごとの複雑な公式はもはやありません．t 分布・F 分布・χ^2 分布も p 値も登場しませんから，どの統計量が何分布にしたがうかも暗記する必要がありません．まるで記述統計分析を行うように，推測統計分析ができることに，きっとあなたは驚くでしょう．

と設定しました．簡便に表記するなら

$$\mu \sim U(0, 1000), \qquad \sigma \sim U(0, 100) \tag{2.4}$$

に設定したということです (1.2.2 項参照).

さきに，本書では GS 法ではなく HMC 法を利用すると書きました．GS 法では，計算効率のために，特定の母数には特定の事前分布の型を指定する必要があり，その点で恣意的です[*4]．しかし前章で述べたように，ベイズ統計学は事前分布の恣意性が攻撃の対象になった歴史があります．計算が便利であるという動機で事前分布を選ぶのは恣意的です．それに対して HMC 法は，分析者が自分の意志で自由な事前分布を選ぶことができます．

● 2.1.3 乱数列の発生

MCMC 法は，同時事後分布にしたがう乱数を，井戸から清水が湧くように，継時的に (with time) 生成させます．第 m 期に発生した乱数を $\boldsymbol{\theta}^{(m)}$ と表記します．ただし第 1 期から第 M 期 $(m = 1, \cdots, M)$ まで生成させた乱数のうち，初期の乱数は同時事後分布にしたがいません．

たとえるならば掘りたての井戸からくみ出した初めの水が濁っているようなものです．そこで最初から B 期までの乱数を捨てて利用しないこととします．捨てる期間をバーンイン (burn–in, 焼き入れ) 期間とか，ウォームアップ (warmup) 期間といいます．事後分布の性質を調べるためには，バーンイン以後 $(m = B + 1, B + 2, \cdots, M)$ の有効な乱数を用います．バーンイン期間 $(m = 1, 2, \cdots, B)$ の乱数は捨ててしまい，以後いっさいの分析に使用しません．

乱数列をチェイン (chain) と呼ぶこともあり，乱数列の数をチェイン数といいます．$M = 21000$ のチェインを 5 つ発生させ，バーンイン期間を $B = 1000$ とし，得られた $T = 100000 \; (= (21000 - 1000) \times 5)$ 個の有効な乱数を用いて描いた散布図が，実は図 1.4 だったのです．これを 1 列に並べて $\boldsymbol{\theta}^{(t)} (t = 1, \cdots, T)$ と表記します．

● 2.1.4 乱数列の視覚的評価

継時 m に沿って乱数の値を折れ線で表現したグラフをトレースプロット (trace

[*4] たとえばデータ生成分布が正規分布であるときには，μ の事前分布には正規分布を選び，σ の事前分布には逆ガンマ分布を選ぶ等，計算の利便を優先させた規則がありました．

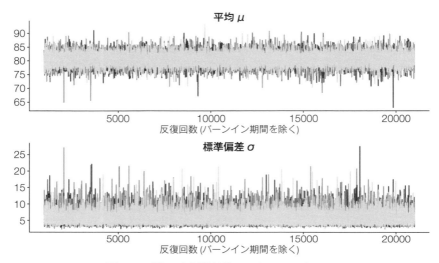

図 2.1　平均 μ と標準偏差 σ のトレースプロット

plot) といいます．図 2.1 の上段には平均 $\mu^{(m)}$ のトレースプロットを示し，下段には標準偏差 $\sigma^{(m)}$ のトレースプロットを示しました．バーンイン期間を除き，横軸の目盛は 1001 から 21000 までふってあります．

折れ線グラフとはいっても，期間が長いので，もはや折れ線は見えません．図 2.1 はあたかも真横に広げた布地の反物のように見えます．実はこのような形状が観察されることが，事後分布から乱数が発生している必要条件となります．正しく発生していない場合には，登ったり降りたりの形状が観察されることがあります．これを「トレースプロットがドリフト (drift) している」といいます．トレースのドリフトは，目的とする確率分布から独立に乱数を得ていない可能性を示唆する好ましくない視覚的特徴です．

図 2.1 には，5 本のチェインの折れ線が同時に描かれています．ただしそれらは重なりあい，互いに区別がつきません．互いに区別がつかないことも，事後分布から乱数が発生している必要条件となります．上部と下部のように，いくつかの折れ線が違った水平レベルで描かれているなら，残念ながら，それぞれの乱数が目的とする確率分布をカバーしていない証拠です．乱数の水平レベルの違いも，正しく発生していない可能性を示唆する好ましくない視覚的特徴です．

このようにトレースプロットは，事後分布から乱数が発生しているか否かの視覚的評価に利用できます．

● 2.1.5 乱数列の数値的評価

図 2.1 には，ドリフトも水平レベルの違いも観察されません．トレースプロットの観察から正常と考えられる場合には，表 2.1 に示された乱数列の数値的評価の指標を参照します．ここに示されているのは収束判定指標 $\hat{R}$[*5] と有効標本数 n_{eff} です[*6]．

表 2.1 「牛丼問題」の乱数列の評価

	n_{eff}	$\hat{R}$
μ	32600	1.00
σ	29714	1.00

まずは収束判定指標 $\hat{R}$ です．チェイン間とチェイン内の散らばりを比較することで，事後分布から乱数が発生しているか否かを母数ごとに判定する指標です．複数のチェインが同じ事後分布にしたがっているならば，それらの水平レベルが互いに似通ったものとなり，チェイン間の散らばりは小さくなるはずです．したがってチェイン間の散らばりがチェイン内の散らばりに比べて大きい場合には，事後分布から正しく乱数が発生していないことが疑われ，そのことを $\hat{R}$ が警告してくれます．チェイン数が 1 の場合には，それを複数のチェインに分割することで計算します．$\hat{R}$ は 1.1 ないし 1.2 以下であればよいとされます．表 2.1 では，μ と σ はその基準を満たしています．

次は有効標本数 n_{eff} です．確率分布を近似する乱数は，互いに関係しあわないことが理想的です．しかし MCMC 法は経時的に乱数を発生しますので，現実的には m 番目と $m+1$ 番目の乱数は関係を持ってしまいます．**有効標本数** (effective sample size, n_{eff}) は，「生成された乱数が理想的に無関係である乱数の何個分に相当するか」の推定値です．ここでは事後分布を近似するために，10 万個の乱数を残しました．μ の乱数は，理想的な乱数の 32600 個分に相当しています．σ の乱数は，理想的な乱数の 29714 個分に相当しています．有効標本数 n_{eff} は，後述する標準誤差に影響します．

[*5] ^ は「ハット」と読み，^ のついていない記号をデータで推定する方法，あるいはデータで推定した値を意味します．

[*6] 有効標本数 n_{eff} と収束判定指標 $\hat{R}$ の詳しい解説と導出に関しては，前出の豊田 (2015) の付録を参照して下さい．本書の範囲では，「そういう点を評価する必要があるんだな」と眺めておくだけで十分です．

● 2.1.6 MCMC法の欠点

MCMC法の欠点は，事後分布の評価が完全には定まらないことです．MCMCの手法を変えたり，アルゴリズムを変えたり，ソフトウェアのバージョンを変えたりすればもちろんのこと，乱数の種を変えるだけでも，事後分布の%点が変化します．それに伴って，わずかですが推定値が変動します．本書では，個々のモデルに対して乱数を10万個発生させていますが，それでも有効数字3桁目くらいからは信用できません[*7]．ただし有効数字3桁目というと%の表示で，小数第1位ですから，分析結果の解釈が影響を受けるほど深刻な誤差ではありません．

● 2.2 事後分布 ●

データに関する情報はデータ分布にすべて含まれていました．同様に母数に関する情報は事後分布にすべて含まれています．データのヒストグラムである図1.1と母数のヒストグラムである図1.5，図1.6とを見比べてください．データには限りがありますから，少数のデータから描いたヒストグラムは形がガタガタです．それに対して母数の事後分布のヒストグラムは滑らかです．これはヒストグラムを描くための母数をいくらでも発生させることが可能だからです．

本節では，表2.2にしたがって，データ分布と対応付けながら，母数の推測に入門します．

表 2.2　各種分布の関係

データ分布	正規分布	事後分布(一般)	事後分布(平均)	事後分布(標準偏差)	予測分布 x^*
平均値 $\bar{x}$	μ	θ_{eap}	μ_{eap}	σ_{eap}	$\bar{x}^*$
中央値 x_{med}	μ	θ_{med}	μ_{med}	σ_{med}	x^*_{med}
モード x_{mod}	μ	θ_{map}	μ_{map}	σ_{map}	x^*_{mod}
分散 s^2	σ^2	σ^2_θ	σ^2_μ	σ^2_σ	s^2_{x*}
標準偏差 s	σ	σ_θ	σ_μ	σ_σ	s_{x*}
2つの%点の間	予測区間	確信区間	確信区間	確信区間	予測区間
図1.1	図1.2		図1.5, 図2.2	図1.6, 図2.3	図2.4

[*7] 本書用に配布したスクリプトをそのまま実行しても，R, Rstan, Stan, Rtoolsのバージョンによって，下の方の桁の数値は変化し，教科書の数値と一致しないと認識してください．かかる不安定性は，HMC法に限らずMCMC法を使って分析をするということの本質的制約です．

2.2.1　EAP・MED・MAP

データ分布を学習した際には，要約統計量を求めて，データの有する情報を縮約的に記述しました．母数に関する推測に関しても，常に事後分布を参照するのは煩雑なので同じように縮約します．

データ分布では，まず位置を表現する代表値を計算しました．具体的には，平均値 $\bar{x}$・中央値 x_{med}・最頻値 x_{mod} で要約しました．理論分布の 1 つである正規分布の位置に関する母数は，母平均 μ でした．つまり分布を点で代表させました．

同様に母数の事後分布に関しても点で代表させます．母数を点で代表させることを **点推定** (point estimation) といいます．また，推定の方法を **点推定量** (point estimator) といい，推定された値を **点推定値** (point estimate) といいます．

母数 θ の事後分布も，データの分布と同様に，平均値・中央値・最頻値という 3 つの観点から代表させます．それらが以下に示す代表的な母数の点推定量[*8] となります．

事後期待値 (expected a posteriori, EAP, θ_{eap}) は，事後分布の平均値であり，$\theta^{(t)}$ の平均値

$$\hat{\theta}_{eap} = \frac{1}{T}(\theta^{(1)} + \theta^{(2)} + \cdots + \theta^{(t)} + \cdots + \theta^{(T-1)} + \theta^{(T)}) \tag{2.5}$$

を，その推定値とします．これを EAP 推定量といいます．データ分布で平均値 $\bar{x}$ を求めた (1.4) 式に相当します．

ただし平均値の計算には，バーンイン以後の乱数しか使用していないことに留意してください．平均値ばかりでなく以後のすべての分析・作図においてもバーンイン以後の乱数しか使用しません．バーンイン以前の乱数は廃棄します．

事後中央値 (posterior median, MED, θ_{med}) は，事後分布の中央値です．$\theta^{(t)}$ を小さい順にソートして，その中央の値

$$\hat{\theta}_{med} = \begin{cases} \dfrac{T+1}{2} \text{番目の乱数} & T \text{ が奇数の場合} \\ \dfrac{T}{2} \text{番目と} \dfrac{T}{2}+1 \text{ 番目の乱数の平均} & T \text{ が偶数の場合} \end{cases} \tag{2.6}$$

が MED 推定量です．要するに 50% 点です．(1.7) 式に相当します．

事後確率最大値 (maximum a posteriori, MAP, θ_{map}) は事後分布の最頻値で

[*8] 事後分布を (1.8) 式右辺のように式で表現したり，推定量を式で表現できる場合もあります．しかし本書では割愛し，すべての事後分布を乱数で表現し，すべての推定量を乱数から計算します．

す．図 1.5，図 1.6 のような $\theta^{(t)}$ のヒストグラムのもっとも度数の大きい階級の階級値 $\hat{\theta}_{map}$ を MAP 推定量といいます．

● **2.2.2 事後分散・事後標準偏差**

データ分布を学習した際には，代表値を観察したのち，分散 s^2・標準偏差 s という 2 つの要約統計量で散布度を評価しました．正規分布の散布度は母分散 σ^2 と母標準偏差 σ でした．散布度の小ささは平均値の典型性の指標でした．

事後分布の散布度とは，いったい何でしょうか．点推定値の周りに事後分布が密集していれば，母数の評価値として点推定値を利用しても不都合は生じにくいでしょう．しかし事後分布が広範囲にわたっている場合には，点推定値の代表性が疑われます．母数の推定が安定的に行われているとはいえません．したがって事後分布の散布度の小ささは点推定値の精度です．

事後分布の散布度は，事後分散と事後標準偏差で評価します．**事後分散** (posterior variance, σ_θ^2) は事後分布の分散であり，

$$\hat{\sigma}_\theta^2 = \frac{1}{T}((\theta^{(1)} - \hat{\theta}_{eap})^2 + \cdots + (\theta^{(t)} - \hat{\theta}_{eap})^2 + \cdots + (\theta^{(T)} - \hat{\theta}_{eap})^2) \quad (2.7)$$

で推定します．データ分布における標準偏差 (1.5) 式に相当します．

事後分布の標準偏差が**事後標準偏差** (posterior standard deviation, post.sd, σ_θ) です．事後分散の推定値の平方根

$$\hat{\sigma}_\theta = \sqrt{\hat{\sigma}_\theta^2} \quad (2.8)$$

で推定します．(1.6) 式に相当します．事後標準偏差は，post.sd と略記することがあります．

事後標準偏差は θ **の標準偏差です**．その推定値 $\hat{\sigma}_\theta$ は，母数 θ が $\hat{\theta}_{eap}$ の周辺でどれほど散らばっているかの指標として利用します．言い換えるならば事後分布が $\hat{\theta}_{eap}$ でどれだけ代表されているかを表現し，それを推定しています．事後標準偏差が大きすぎるなら，n が小さすぎるということです．事後標準偏差を小さくするには，データを追加する必要があります．

表 2.2 を参照し，(2.5) 式から (2.8) 式までが第 1 章の計算の何に対応するのかを，再度確認してください．

● **2.2.3 事後期待値の標準誤差**

事後期待値は，母数の代表値として最も利用される点推定量です．MCMC に

よって私たちが利用するのは真値 θ_{eap} ではなく,推定値 $\hat{\theta}_{eap}$ であり,両者は

$$\hat{\theta}_{eap} \sim N(\theta_{eap}, \sigma_\theta/\sqrt{互いに独立な乱数の数}) \tag{2.9}$$

の関係[*9)]にあります.データが固定された状態で θ は分布し,θ_{eap} は未知なる固定点となります.ただしその推定量 $\hat{\theta}_{eap}$ は,データが固定された状態でも,MCMCをするたびに確率的に変化して分布します.推定量の分布を**標本分布** (sample distribution) といい,標本分布の標準偏差を**標準誤差** (standard error, se, $\sigma_{\hat{\theta}_{eap}}$) といいます.

ここで大切なことは,事後標準偏差と標準誤差をはっきり区別することです.**標準誤差は $\hat{\theta}_{eap}$ の標準偏差です**.その推定値 $\hat{\sigma}_{\hat{\theta}_{eap}}$ は $\hat{\theta}_{eap}$ が θ_{eap} の周辺でどれほど散らばっているかの指標として利用します.言い換えるならば θ_{eap} が $\hat{\theta}_{eap}$ でどれだけ代表されているかを表現し,それを推定しています.標準誤差が大きすぎるなら,T が小さすぎるということです.標準誤差を小さくするには,乱数を追加する必要があります.

● 2.2.4 確 信 区 間

特定の値で母数を評価する点推定に対して,幅を持たせて母数の評価を行う方法を**区間推定** (interval estimation) といいます.事後分布の両端から $\alpha/2\%$ の面積を切り取って残った中央部の $(1-\alpha)\%$ に対応する区間を $(1-\alpha)\%$**確信区間** (credible interval),あるいは**信用区間**[*10)]といいます.たとえば $\alpha = 5\%$ とすると,95%確信区間が求まります.

● 2.3 予 測 分 布 ●

手元のデータではなく,将来観測されるであろうデータ x^* を予測したい場合があります.具体的に「牛丼問題」で例をあげるならば,実験が終わった次の日に注文する牛丼の具の重さです.現実には 10 杯分のデータしかないのですから,手元のデータ以上のことを論じるのは一見矛盾しているようにも思えます.しか

[*9)] 前出の n_{eff} は「互いに独立な乱数の数」の推定値です.
[*10)] 伝統的な統計学における区間推定は次項で説明する**信頼区間** (confidence interval) を用います.標本分布の両端から $\alpha/2\%$ の面積を切り取って残った中央部の $(1-\alpha)\%$ に対応する区間を $(1-\alpha)\%$信頼区間といいます.

し，データ生成分布 (尤度) と事前分布という理論分布の視点を利用し，将来の見通しである x^* の分布を構成することは可能です．将来観測されるであろうデータ x^* の分布を**予測分布** (predictive distribution) といいます．

● 2.3.1　事後予測分布

予測分布には 2 種類あります．1 つは**事後予測分布** (posterior predictive distribution) $f(x^*|\boldsymbol{x})$ です．観測してしまったデータ $\boldsymbol{x}$ を所与としたときの未来のデータ x^* の条件付き分布です．

すこし難しい言い方になりますが，事後予測分布は「事後分布 $f(\boldsymbol{\theta}|\boldsymbol{x})$ による統計モデル $f(x^*|\boldsymbol{\theta})$ の平均」です．「A による B の平均」とは，いったい何でしょう．

平均といっても分布の平均ですから，事後予測分布は分布であり，

$$x^{*(t)} \sim f(\theta^{(t)}) \tag{2.10}$$

という乱数列で近似します．これが**母数によるモデル生成分布の平均**です．

正規分布モデルでは

$$x^{*(t)} \sim N(\mu^{(t)}, \sigma^{(t)}) \tag{2.11}$$

であり，「μ と σ による正規分布の平均の分布」が事後予測分布です．データ生成分布は正規分布でした．しかし母数 μ と σ 自体が事後分布し，確率的に揺れていますから，事後予測分布は必ずしも正規分布にはなりません．事後分布の頻度に応じて母数 μ と σ を呼び出し，それを利用して乱数を発生させます．これが将来のデータを予測するための事後予測分布です．

事後予測分布の長所は，事後分布の情報を余さず利用する精密さです．短所は，データ生成分布として数式で表現できないことです．事前データ・事後分布を持ち続ける必要があり，これは煩雑です．事後予測分布は，将来をていねいに予測したい場合に利用するとよいでしょう．

● 2.3.2　条件付き予測分布

もう 1 つは，**条件付き予測分布** (conditional predictive distribution) です．モデルの分布を $f(x|\boldsymbol{\theta})$ とした場合に，条件付き予測分布は

$$f(x^*|\hat{\boldsymbol{\theta}}) \tag{2.12}$$

です．ここで $\hat{\boldsymbol{\theta}}$ には何らかの点推定値を用います．条件付き予測分布のメタ分布を求める場合には点推定値の代わりに $\boldsymbol{\theta}^{(t)}$ を用いる場合もあります．条件付き予測分布は，母数の推定値 $\hat{\boldsymbol{\theta}}$ を所与としたときの未来のデータ x^* の条件付き分布です．

条件付き予測分布の長所は，将来の予測が点推定値にだけ依存することによる取り扱いの容易さです．また条件付き予測分布は，正規分布 (データ生成分布) になりますから，数理的にも単純です．短所は，事後分布の豊かな情報を点推定値だけで要約してしまっている情報損失です．

● 2.4 母数と予測分布に関するベイズ的推測 ●

本節では「牛丼問題」の母数に関するベイズ的推測を行います．ベイズ統計学に限らず，統計的推測をする際には**研究目的** (research object)，あるいは**研究上の問い** (research question, リサーチクエスチョン) を重視し，それを自覚することが大切です．

従業員用マニュアルには「具は 85 g とし，誤差は 5 g 以下にする．」と明記されていました．ここでは目標としての重さである 85 g を仮に基準点 1 と呼びます．またマニュアル違反の境目という意味で 80 g ($= 85 - 5$) を仮に基準点 2 と呼びます．具が多い場合には A 君に不満はありませんから「牛丼問題」では 90 g を基準点 2 とは呼びません．ただし経営者が分析する場合には，むしろ経費節減のために 90 g を基準点 2 と呼ぶかもしれません．

ここで基準点 1, 2 は，統計学とはまったく関係ない知見に基づいているということに注目してください．これを**実質科学的知見からの要請**といいます．実質科学的知見は，**固有技術**とか，**ドメイン知識**などともいいます．統計的分析においてもっとも大切なことは，常に研究上の問いを自覚し，実質科学的知見を最大限利用することです．ドメイン知識を利用すると，たとえば以下のような研究上の問い (**RQ**) がすぐに着想されます．

RQ.1 平均値の点推定. (ex. この牛丼店の平均的な具の重量はどれほどでしょうか．マニュアルに設定された基準点との比較から平均的な具の重量は十分でしょうか．)

RQ.2 平均値の両側区間推定. (ex. この牛丼店の平均的な具の重量は，どの

区間にあるでしょうか.)

RQ.3 平均値の片側区間推定. (ex. もしお店にクレームをつけるならば,お店に有利な条件で,なおかつ平均的な具の重量は少ないことを示す必要があります.この牛丼店の平均的な具の重量は高々何 g でしょうか.仮に店側が反論するならば,店に不利な条件で,なおかつ平均的な具の重量は多いことを示す必要があります.この牛丼店の平均的な具の重量は少なくとも何 g でしょうか.)

RQ.4 標準偏差の点推定・区間推定. (ex. 平均的な具の重量の散らばりはどれほどでしょうか.ばらつきはお客さんに不公平感を抱かせるので,マニュアルでは「誤差は 5 g 以下にする」との目標が設定されています.この目標は達成されているでしょうか.)

RQ.5 予測分布の予測区間. (ex. 次にこのお店に来店し,牛丼を注文したときの具の重量はどの区間にあるでしょうか.)

● 2.4.1 μ に関する推測

表 2.3 に「牛丼問題」の母数の事後分布と事後予測分布の要約統計量[*11]を示します.また図 2.2 に母数 μ の事後分布[*12]を示します.μ に関する EAP, MED は,$\hat{\mu}_{eap} = 80.6\,\mathrm{g}$, $\hat{\mu}_{med} = 80.6\,\mathrm{g}$ [*13]です (**RQ.1** への回答).小数第 1 位までは,EAP, MED に差はありませんでした.

表 2.3 による $\hat{\mu}_{eap}$ の標準誤差は $0.01\,\mathrm{g}$ であり,これは (2.9) 式を参照し,表 2.1 の有効標本数を代入し

$$0.01 \simeq 1.9/\sqrt{32600} \tag{2.13}$$

と求めたものです.$\mu^{(t)}$ の平均値である $\hat{\mu}_{eap}$ は μ の事後分布の形状にかかわらず正規分布する[*14]ことが知られています.

[*11] 事後分布と事後予測分布は MCMC の乱数で近似されますので,その乱数をデータのように扱い要約統計量を計算します.
[*12] MCMC によって近似される事後分布は乱数で表現されますから,第 1 章ではヒストグラムで表示しました.しかしヒストグラムは図の描き込みが重くなるので,今後は密度関数を推定して簡略な曲線で表現します.密度関数の推定にはカーネル法を使用します.
[*13] 事後分布の積率系の統計量と分位系の統計量からだけでは MAP 推定値は求まりません.ただしこの場合は,MAP 推定値が標本平均に一致することが知られていますので $\hat{\mu}_{map} = 80.6\,\mathrm{g}$ です.
[*14] 第 1 章で言及した**中心極限定理** (central limit theorem) が適用されます.

表 2.3 「牛丼問題」の母数の推定結果

	EAP	se	post.sd	2.5%	5%	50%	95%	97.5%
μ	80.6	0.01	1.9	76.8	77.5	80.6	83.7	84.4
σ	5.8	0.01	1.7	3.6	3.8	5.5	9.0	10.1
x^*	80.6		6.4	68.0	70.4	80.6	90.9	93.3

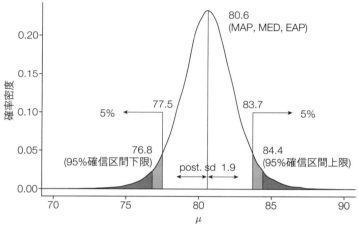

図 2.2 平均 μ の事後分布

標準正規分布[*15]の 2.5%点を $z_{0.025}$ と表記し，97.5%点を $z_{0.975}$ と表記すると，

$$p(\hat{\mu}_{eap} + z_{0.025} \times \text{se} \leq \mu_{eap} \leq \hat{\mu}_{eap} + z_{0.975} \times \text{se}) = 0.95 \qquad (2.14)$$

が成立します．これを μ_{eap} の**信頼区間** (confidence interval) といいます．

標準正規分布の中央の 95%の区間はおよそ $[-1.96, 1.96]$ ですから，具体的な片側の幅は 0.02 g ($\simeq 0.01 \times 1.96$) となります．80.6 ± 0.02 を計算し，μ_{eap} の 95%信頼区間は $[80.58, 80.62]$ と求まります．牛丼の具の重さとして 0.04 g は取るに足りませんから，μ_{eap} の代わりに $\hat{\mu}_{eap}$ を利用してもまったく問題ないことが示されました．

母平均の点推定値は 80.6 g であり，その平均的な推定誤差である post.sd は $\hat{\sigma}_\mu = 1.9$ g でした．点推定値は基準点 2 の上部ぎりぎりであり，post.sd の小ささから，それは基準点 1 よりはっきりと下にあると考察されます．μ の確信区間を求めましょう．μ をはじめとする一般の母数の事後分布は正規分布するとは限

[*15] $\mu = 0$，$\sigma = 1$ の正規分布を**標準正規分布** (standard normal distribution) といいます．

りませんから，確信区間を求めるためには，それに対応する $\theta^{(t)}$ の％点を指定する必要があります．表 2.3 より，2.5％点と 97.5％点を参照し，

$$p(2.5\%点 \leq \mu \leq 97.5\%点) = 0.95 \tag{2.15}$$

ですから，μ の 95％確信区間は [76.8 g, 84.4 g] であることがわかります．母平均 μ は 95％の確率で固定されたこの区間に入っていると解釈します (**RQ.2** への回答)．

もしお店にクレームをつけるならば，お店に有利な条件で，なおかつ平均的な具の重量は少ないことを示す必要があります．表 2.3 より「**研究仮説** (research hypothesis) あるいは**命題** (proposition)：$\mu < 83.7$ g」が真である確率は 95％です．基準点 1 以下です．店舗 B の平均的な具の盛り付けは 95％の確信で高々 83.7 g 未満であり，基準点 1 に達していません (**RQ.3** 前半への回答)．

仮に店舗 B 側が反論するならば，店に不利な条件で，なおかつ平均的な具の重量は多いことを示す必要があります．表 2.3 より「**研究仮説**：77.5 g $< \mu$」が真である確率[*16)]が 95％です．店舗 B の平均的な具の盛り付けは 95％の確信で少なくとも 77.5 g より大きく，基準点 2 に達していません (**RQ.3** 後半への回答)．

● 2.4.2　確信区間と信頼区間

確信区間と信頼区間という類似した概念が続けて登場しましたので，ここで両者の一般的な相違を明確にしましょう．

A の確信区間では，**A** 自身が分布します．(2.15) 式は，μ の 95％確信区間ですから，μ が分布します．したがって，区間 [76.8 g, 84.4 g] に μ が存在する確率が 95％です．そこに入っていることに 95％の確信が持てるという文字通りの意味であり，確信区間は解釈が明快です．

A の信頼区間では，**A** は未知なる固定点です．(2.14) 式は，μ_{eap} の 95％信頼区間ですから，μ_{eap} は未知なる固定点です．事後分布の平均値なのですから，当然，μ_{eap} は未知なる固定点です．したがって「データから計算した目の前の信頼区間 [80.58, 80.62] に μ_{eap} が存在する確率が 95％です．」という言明は誤りです．信頼区間に対して，このような直接的な解釈は許されません．区間 [80.58, 80.62] に μ_{eap} が存在する確率は，入っていれば 1 だし，入っていなければ 0 です．

[*16)] 表 2.3 の下から 5％点は，不等号の向きを変えれば上から 95％として解釈できます．

Aの信頼区間では，Aではなく，上限点と下限点が分布します．言い換えるならば区間自身が確率的に変動するということです．具体的に (2.14) 式では，$\hat{\mu}_{eap}$ と se が分布します．したがって信頼区間に対しては「95%信頼区間というツールを使い続けた場合に，たとえば 1000 個の 95%信頼区間は平均的に 950 個の割合で μ_{eap} を含む．ゆえに目の前の信頼区間 [80.58, 80.62] も μ_{eap} を含んでることが期待できる．」と解釈するのが正解です．区間が狭ければ，$\hat{\mu}_{eap}$ の付近に μ_{eap} がありそうなことだけは間違いないので，信頼区間は実践的には有効です．けれども，いかんせん，この解釈は不自然です．

伝統的な統計学では，確信区間は使用できず，もっぱら信頼区間を用いてきました．たとえばこの節で論じている μ に対しても，伝統的な統計学では確信区間ではなく信頼区間を用います．その他の母数の推測でも信頼区間を用います．このことをベイズ統計学者は，「間接的でわかりにくい」としばしば批判してきました．

しかしベイズ統計学は，MCMC が実用化されて初めて，主流のデータ解析ツールになったことを思い出してください．伝統的な統計学における標本抽出の理論は MCMC の乱数発生において理想的に成立します．ブレイクスルーである MCMC の安定性を評価する方法が，こともあろうに伝統的な統計学による標準誤差であり，信頼区間だったのです．これは伝統的な統計学からの皮肉なのでしょうか，それとも友情なのでしょうか．

● 2.4.3 σ に関する推測

σ に関する EAP, MED, MAP, post.sd は，具体的に「牛丼問題」では，$\hat{\sigma}_{eap} = 5.8\,\mathrm{g}$, $\hat{\sigma}_{med} = 5.5\,\mathrm{g}$, $\hat{\sigma}_{map} = 4.7\,\mathrm{g}$, $\hat{\sigma}_{\sigma} = 1.7\,\mathrm{g}$ となります．推定量によって違いがあることがわかります．これは σ の事後分布が正に歪んで[*17)]いるためです．

図 2.3 は右に裾を引いた形状なので，左から MAP, MED, EAP の順になっています．また事前分布として一様分布を利用していますから，MAP は MLE (データの標準偏差) に一致し，$\hat{\sigma}_{map} = \hat{\sigma}_{mle} = 4.7\,\mathrm{g}$ です．「牛丼問題」における σ の 95%確信区間は [3.6 g, 10.1 g] です．

[*17)] 分布が非対称で，右に長く裾を引いている形状のとき，その分布は正に歪んでいると表現します．正に歪んでいる分布の場合は，一般的に MAP<MED<EAP となります．分布が非対称で，左に長く裾を引いている形状のとき，その分布は負に歪んでいると表現します．負に歪んでいる分布の場合は，一般的に MAP>MED>EAP となります．

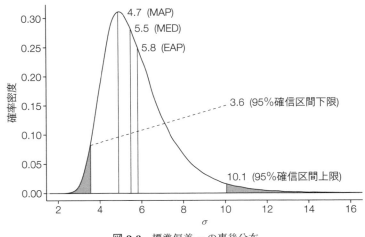

図 2.3 標準偏差 σ の事後分布

マニュアルでは「具の重量の誤差を 5 g 以下にする」との目標が設定されていますが，σ の推定値は誤差の平均値ですから，目標は達成されていないといわざるをえません (**RQ.4** への回答).

● 2.4.4 x^* に関する推測

図 2.4 に「牛丼問題」の事後予測分布を示します．次にこのお店で牛丼を注文したときの具の重量の区間として，x^* の事後予測分布の 95% 予測区間を利用できます．それは [68.0 g, 93.3 g] です (**RQ.5** への回答).

μ の 95% 確信区間 [76.8 g, 84.4 g] よりもだいぶ広くなりました．x^* の 95% 予測区間が μ の確信区間よりも広くなることは一般的性質です．この場合，x^* は将来の具の重さですから，母平均 μ よりもさらに軽くなることも，さらに重くなることもあるからです．これは当然の結果です．

むしろ注意すべきことは，標本平均と標本標準偏差を用いて第 1 章で導いた (1.11) 式の 95% 予測区間 [71.4 g, 89.8 g] よりも明らかに広いということです．これは μ や σ が分布しているためです．言い換えるならば，母数の推定にともなう不確実性が加味されるために，事後予測分布による予測区間のほうが広くなるのです．

n の増加に伴って post.sd が小さくなり，事後予測分布による予測区間は，標本平均と標本標準偏差を用いた予測区間に近付きます．

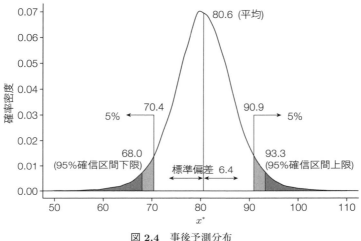

図 2.4 事後予測分布

条件付き予測分布は，EAP, MED, MAP の各推定値を利用し，正規分布の密度関数を用いて，それぞれ

$$f(x^*|\hat{\mu}_{eap} = 80.6, \ \hat{\sigma}_{eap} = 5.8) \tag{2.16}$$

$$f(x^*|\hat{\mu}_{med} = 80.6, \ \hat{\sigma}_{med} = 5.5) \tag{2.17}$$

$$f(x^*|\hat{\mu}_{map} = \hat{\mu}_{mle} = 80.6, \ \hat{\sigma}_{map} = \hat{\sigma}_{mle} = 4.7) \tag{2.18}$$

となります．標本平均と標本標準偏差を利用した正規分布へのあてはめは，MAP 推定値 (あるいは最尤推定値) による条件付き予測分布なのです．「牛丼問題」の条件付き予測分布は，正規分布ですから図示は割愛します．

x^* の平均の推定値は $\hat{\mu}_{x^*} = 80.6\,\mathrm{g}$ であり，$\hat{\mu}_{eap} = 80.6\,\mathrm{g}$ でしたから，両者は一致しています．しかし標準偏差の推定値は $\hat{\sigma}_{x^*} = 6.4\,\mathrm{g}$ であり，$\hat{\sigma}_{eap} = 5.8\,\mathrm{g}$ でしたから，予測分布のほうが大きくなっています．これは μ や σ が点ではなく分布しているからであり，そのぶん予測分布の標準偏差が大きくなります．その意味で，点推定値を使った条件付き予測分布 (たとえば (2.16) 式) には情報損失があることになります．しかし条件付き予測分布には，簡便性以外の大きなメリットがあり，それは次節で紹介されます．

2.5 生　成　量

生成量 (generated quantities) とは，MCMC 法による標本 $\boldsymbol{\theta}^{(t)}$ の関数 $g(\boldsymbol{\theta}^{(t)})$ です．より広義には，$g(\boldsymbol{\theta}^{(t)})$ を母数とみた場合の乱数 $f(\cdot\,|g(\boldsymbol{\theta}^{(t)}))$ も生成量です．簡単にいうならば $\boldsymbol{\theta}^{(t)}$ を原料にして作られたものが生成量です．MCMC 法に生成量を付加すると，分散の事後分布を求められたり，新しい指標の事後分布を求められたりと，極めて強力な分析が可能になります．

MCMC 法によって大量に生成される生成量は，そのまま $g(\theta)$ の事後分布からの乱数として利用できます．たとえば $g(\theta)$ の EAP 推定量は

$$g(\hat{\theta})_{eap} = \frac{1}{T}(g(\theta^{(1)}) + \cdots + g(\theta^{(t)}) + \cdots + g(\theta^{(T)})) \tag{2.19}$$

です．同様に生成量の中央値・最頻値は，それぞれ $g(\theta)$ の MED 推定量・MAP 推定量です．$g(\theta^{(t)})$ の標準編差は生成量の事後標準偏差の推定値です．%点を利用すれば生成量の確信区間も求められます．

生成量を利用すると，たとえば以下のような研究上の問い (**RQ**) が着想されます．

RQ.6 分散の点推定・区間推定．(ex. 分散は標準偏差の 2 乗です．標準偏差の EAP の 2 乗は分散の EAP でしょうか．標準偏差の MED の 2 乗は分散の MED でしょうか．また標準偏差の確信区間の上限や下限を 2 乗すると分散のそれになるのでしょうか．)

RQ.7 変動係数の点推定・区間推定．(ex. 少なく盛られたときは損をし，多く盛ってもらったときは得をしています．具の盛り具合の平均的なバラツキは，平均的な重量の何%でしょうか．ご飯のついていない牛皿は 350 円です．具の盛り具合の平均的なバラツキは，何円分でしょうか．単に変動係数を 350 倍すればよいのでしょうか．)

RQ.8 効果量の点推定．(ex. 平均的な具の重量と 85 g との差は，平均的な具の重量の散らばりと比較してどれほどの大きさですか．平均的な具の重量と 80 g との差は，どうでしょうか．)

RQ.9 効果量の区間推定・片側区間推定の下限・上限．(ex. 上の 2 種の効果量は，どの区間に存在するのでしょうか．少なく見積もってどれほどでしょうか．また高々どれほどでしょうか．)

RQ.10 ％点の点推定・区間推定. (ex. 4回に1回は覚悟しなければいけない量は何gより少ないでしょうか. またその重さは, どの区間に存在するのでしょうか. 少なく見積もってどれほどでしょうか. また高々どれほどでしょうか.)

RQ.11 基準点未満の測定値が観測される確率. (ex. 85g未満しか盛ってもらえない確率はどれほどでしょうか. 80g未満しか盛ってもらえない確率はどれほどでしょうか. またその確率は, どの区間に存在するのでしょうか. 少なく見積もってどれほどでしょうか. また高々どれほどでしょうか.)

RQ.12 基準点との比の点推定・区間推定. (ex. マニュアルに設定された基準点に照らして, 平均的に何割くらい損しているのでしょうか. あるいは得しているのでしょうか. それは何円に相当しているのでしょうか. その確信区間はどれほどでしょうか.)

以下に有用な生成量の例を5つ示します. 表2.4には, そこに登場する生成量の数値要約[*18]を示しました.

表 2.4 生成量の推定結果

	EAP	post.sd	2.5%	5%	50%	95%	97.5%
σ^2	36.8	25.5	12.6	14.3	30.1	80.7	101.1
cv	0.072	0.021	0.044	0.047	0.068	0.112	0.125
δ_{85}	−0.811	0.376	−1.556	−1.430	−0.808	−0.200	−0.085
δ_{80}	0.110	0.316	−0.507	−0.408	0.110	0.631	0.730
x^* の 25%点	76.7	2.2	71.5	72.7	76.9	79.8	80.3
$p(x^* < 85)$	0.776	0.106	0.534	0.579	0.791	0.924	0.940
$p(x^* < 80)$	0.458	0.120	0.233	0.264	0.456	0.658	0.694
$x^*/85$	0.949	0.075	0.799	0.829	0.948	1.069	1.097

● 2.5.1 分　　　散

分散の事後分布は, 生成量

$$g(\sigma^{(t)}) = \sigma^{(t)2} \tag{2.20}$$

で求められます. 標準偏差の事後分布である図2.3と比較して, 分散の事後分布

[*18] (2.19)式で生成量の事後分布を近似した乱数が得られますから, それをあたかもデータのように扱って数値要約します.

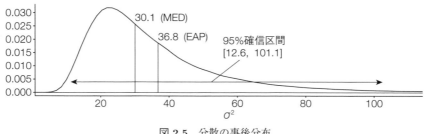

図 2.5 分散の事後分布

図 2.5 は，さらに正の歪みが強く[*19)]なっていることが観察されます．2 乗すると極端な値になるからです．

平均の 2 乗は，2 乗の平均に一致しませんから，EAP に関しては，

$$36.8 = \hat{\sigma}^2_{eap} \neq (\hat{\sigma}_{eap})^2 = 5.8^2 = 33.46 \tag{2.21}$$

であり，標準偏差の EAP の 2 乗は分散の EAP には一致しません．同様に標準偏差の post.sd の 2 乗は分散の post.sd には一致しません．

単調増加変換をしても%点の順序は保存されます．したがって 50%点の 2 乗は 2 乗の 50%点に一致し，MED に関しては

$$30.1 = \hat{\sigma}^2_{med} = (\hat{\sigma}_{med})^2 = 5.5^2 = 30.1 \tag{2.22}$$

であり，標準偏差の MED の 2 乗は分散の MED に一致します．また標準偏差の 95%確信区間の上限・下限の 2 乗は，分散の 95%確信区間の上限・下限に一致[*20)]します (**RQ.6** への回答)．要するに積率系の統計量は一致せず，分位系の統計量は一致するのです．

● 2.5.2 変 動 係 数

測定値が比尺度である場合には，散布度の指標として**変動係数** (coefficient of variation)

$$cv = \frac{\sigma}{\mu} \tag{2.23}$$

[*19)] 右に裾が重たくなっているともいいます．
[*20)] 表 2.3 と表 2.4 と見比べると，有効数字の影響で前者の 2 乗が後者に正確には一致していませんが，有効数字を上げると一致します．

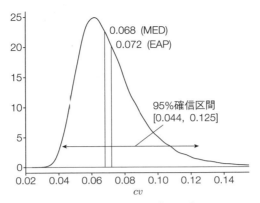

図 2.6 変動係数の事後分布

があります．単位のない数となり，相対的なばらつきを表すことができます．変動係数の事後分布は生成量

$$g(\mu^{(t)}, \sigma^{(t)}) = \frac{\sigma^{(t)}}{\mu^{(t)}} \tag{2.24}$$

で求められます．$\hat{cv}_{eap} = 0.072$ でしたから，牛丼の具の盛りには平均的に 7.2% くらいの誤差があると解釈します．図 2.6 を観察すると右に裾が重いので，MED を参照して，6.8% 位の誤差と見積もってもいいかもしれません．変動係数の 95% 確信区間は，[4.4%, 12.5%] でした．

RQ.7 の例で牛皿と牛丼の具の量が同じ分布にしたがうと仮定すると，EAP の観点からは，350 円の 7.2% ですから，平均して 25 円の不公平があると解釈されます．MED の観点からは，350 円の 6.8% ですから，平均して 24 円の不公平があると解釈されます (**RQ.7** への回答)．分散の場合の累乗変換とは異なり，一次変換[*21)]に関しては，積率系の統計量も分位系の統計量も不変です．

● 2.5.3 効　果　量

標準偏差を単位として，平均が特定の値 c からどれくらい離れているかの指標として，標準化された基準点からの平均の偏差

$$\delta_c = \frac{\mu - c}{\sigma} \tag{2.25}$$

[*21)] 0 以外の定数を掛け，定数を足す変換を一次変換といいます．この場合は 350 を掛け，0 を足す変換をしました．

があります. ここでは, これを**効果量** (effect size) と呼びます. 効果量の事後分布は生成量

$$g(\mu^{(t)}, \sigma^{(t)}) = \frac{\mu^{(t)} - c}{\sigma^{(t)}} \tag{2.26}$$

で求められます.

効果量 δ_{85} の事後分布を図 2.7 左に示し, 効果量 δ_{80} の事後分布を図 2.7 右に示します. 基準点 1 からの差 $(c = 85)$ に注目すると, $\hat{\delta}_{85\ eap} = -0.811$ でしたから, 目標となる具の重さに対して, 平均的な具の重さは, 平均的な散らばりの 81.1% くらい下の点であると解釈します. δ_{85} の 95% 確信区間は, $[-155.6\%, -8.5\%]$ でした (**RQ.8** への回答).

この場合は効果量の絶対値が小さいほうがお店にとっては望ましい状態です. このため, もし抗議をするのなら, 「95% の確信で高々 -0.200 であること」を根拠とすることが 1 つの可能性です (**RQ.9** への回答).

基準点 2 からの差 $(c = 80)$ に注目すると, $\hat{\delta}_{80\ eap} = 0.110$ でしたから, これ以上軽くしてはいけない具の重さに対して, 平均的な具の重さは, 標準偏差の単位で 11.0% くらいは上の位置にあります. 基準点 2 からほとんど離れておらず, 深刻な状況です (**RQ.8** への回答). ちなみに左図と右図は形状が似ていますが, 左図は右図を平行移動したものではありません.

ここまでは統計モデルの母数の事後分布を紹介してきましたが, 以下の 2 つは将来のデータ x^* に関係した生成量の事後分布を与えます.

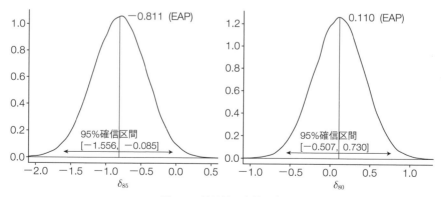

図 **2.7** 効果量の事後分布

● 2.5.4 分位点・%点

正規分布のように%点が理論的に知られている統計モデルの場合には，x^* の%点の事後分布を，たとえば

$$g(\mu^{(t)}, \sigma^{(t)}) = \mu^{(t)} + z \times \sigma^{(t)} \tag{2.27}$$

のような生成量で求められます．たとえば「4回に1回遭遇するであろう具が少ない状況は何 g 未満だろう」という疑問に答えるためには，25%点を調べればよいのですから，$F(-0.675|\mu=0, \sigma=1) \simeq 0.25$ より $z = -0.675$ とすれば，条件付き予測分布の 25%点の事後分布 (分布の分布ですからメタ分布です) が得られます．図 2.8 に 25%点の事後分布を示します．

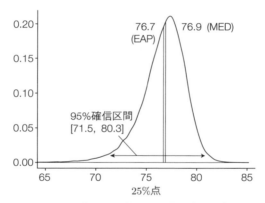

図 2.8　第 1 四分位・25%点の事後分布

EAP 推定値を参照すると，4回に1回は 76.7 g 未満を覚悟しなくてはならないことがわかります．25%の確率で高々我慢しなければならない重さが，95%の確率で含まれる確信区間が [71.5 g, 80.3 g] でした (**RQ.10** への回答)．確率の確率 (メタ確率)[*22] として確信区間が定義されます．

[*22] メタ確率にもさまざまな種類があるのですが，ここでは単純に「確率の確率」と定義します．ある法案が通ることによって自衛隊員のリスク (危険の確率レベル) が高まる確率を国会で議論するならば，これもメタ確率の一種です．また気象庁が週間天気予報の降水確率に確信度 ABC を付帯させています．降水確率の信頼度 A は「確度が高い予報」，B は「確度がやや高い予報」，C は「確度がやや低い予報」です．これもメタ確率の一種です．

● **2.5.5 予測分布の特定区間の確率**

将来のデータが区間 $[a, b]$ に観察される予測確率

$$p_{ab} = F(b|\boldsymbol{x}) - F(a|\boldsymbol{x}) \tag{2.28}$$

の事後分布は，モデル生成分布の確率分布関数を利用して，生成量

$$g(\mu^{(t)}, \sigma^{(t)}) = F(b|\mu^{(t)}, \sigma^{(t)}) - F(a|\mu^{(t)}, \sigma^{(t)}) \tag{2.29}$$

で求められます．正規分布 (をはじめとする有名な分布) の確率分布関数は多くの統計解析システムに実装されています．

％点を調べると「ある確率で起きることはどんなことだろうか」という疑問に答えることができます．つまり (2.27) 式を使うということは，確率を固定して現象を調べるということです．

(2.29) 式を使うと，逆に「ある現象はどの程度の確率で起きるだろうか」という疑問に答えることができます．つまり現象を固定して確率を考察できます．

たとえば「a g 未満しか具を盛ってもらえない確率はどれほどだろう」ということが知りたければ，$b = -\infty$ として

$$g(\mu^{(t)}, \sigma^{(t)}) = F(a|\mu^{(t)}, \sigma^{(t)}) \tag{2.30}$$

という生成量を利用します．基準点 1 ($a = 85$) の場合は 77.6%，基準点 2 ($a = 80$) の場合は 45.8%(ともに EAP) という確率になりました．45.8% はマニュアル違反を犯す確率です．確率の事後分布はそれぞれ図 2.9 の左図と右図に示しました．

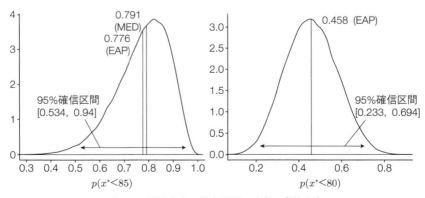

図 2.9 予測分布の特定区間の確率の事後分布

基準点 1 未満しか具を盛ってもらえない確率が 95%の確率で存在する確信区間は [53.4%, 94.0%] です．これもメタ確率の表現になっています (**RQ.11** への回答)．

条件付き予測分布には，簡便性以外の大きなメリットがあります．表 2.3 の事後予測分布の%点は文字通り点です．一方，条件付き予測分布の表 2.4 の%点は分布をしています．確信区間が求まるのですから，その点で条件付き予測分布のほうが有利です．これは 10 万個の条件付き予測分布の分布 (メタ分布) の情報を利用しているためです．

● **2.5.6 基準点との比**

基準点に対する測定値の比

$$x^*/c \tag{2.31}$$

の事後分布は，生成量

$$g(x^{*(t)}) = x^{*(t)}/c \tag{2.32}$$

で求められます．

マニュアルに設定された基準点 1 の $c = 85\,\mathrm{g}$ に対する具の重さの比の事後分布 EAP は 0.949 です．95%確信区間は [0.799, 1.097] です．post.sd は 0.075 でした．

EAP の観点からは，350 円の 0.949 ですから，平均して 336 円分しか盛っても

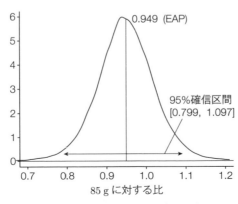

図 **2.10** 基準点との比の事後分布

らっていません．95%確信区間は [280 円, 384 円] です．平均的な誤差は 26 円分 ($= 350 \times 0.075$) です (**RQ.12** への回答)．

2.6 研究仮説が正しい確率

研究仮説の真偽を表現する 2 値変数を利用すると研究仮説が正しい確率を調べることができます．この 2 値変数は生成量の 1 種なのですが，特に有用なので節を改めることにしました．研究仮説は「A は B である」という形式の命題で表現されます．命題は，正しいときに真 (true, 1)，誤っているときに偽 (false, 0) で用いて判定します．ここで扱うのは，確率的に 1 と 0 の値をとる変数で表現された**確率的命題** (probabilistic proposition) です．

研究仮説 U に関する 2 値の生成量

$$u^{(t)} = g(\theta^{(t)}) = \begin{cases} 1 & \theta^{(t)} \text{に関して研究仮説 } U \text{ が真} \\ 0 & \text{それ以外の場合} \end{cases} \quad (2.33)$$

の EAP(平均値) は，**研究仮説が正しい確率** (probability research hypothesis is true) を与えてくれます．

$u^{(t)}$ を利用すると，たとえば以下のような研究上の問い (**RQ**) が着想されます．

RQ.13 平均値が基準点より小さい確率．(ex. 平均的な具の重量がマニュアルで規定されている規定量 85 g よりも少ない確率は何%でしょうか．平均的な具の重量が規定違反となる 80 g より少ない確率は何%でしょうか．)

RQ.14 基準点未満の測定値が観測される確率．(ex. 85 g 未満しか盛ってもらえない確率はどれほどでしょうか．さらに 80 g 未満しか盛ってもらえない確率はどれほどでしょうか．)

RQ.15 効果量が基準点より小さい確率．(ex. 基準点 1 の効果量が -1.0 未満である確率はどれほどでしょうか．基準点 2 の効果量が 0.0 未満である確率はどれほどでしょうか．)

RQ.16 基準点未満の測定値が観測される確率が，基準確率より大きい (小さい) 確率．(ex. 85 g 未満しか盛ってもらえない確率は半分より小さいという信念はどれほど正しいでしょうか．また 80 g 未満しか盛ってもらえない確率は半分より小さいという信念はどれほど正しいでしょうか．)

「店舗 B の牛丼の具の重さの平均は c g より軽い．」という研究仮説 $U_{\mu<c}$ が正

2.6 研究仮説が正しい確率

表 2.5 研究仮説が正しい確率

研究仮説	確率	研究仮説	確率
$U_{\mu<85}$	0.985	$U_{\delta_{85}<-1}$	0.306
$U_{\mu<80}$	0.364	$U_{\delta_{80}<0}$	0.364
$U_{x^*<85}$	0.774	$U_{p(x^*<85)<0.5}$	0.015
$U_{x^*<80}$	0.458	$U_{p(x^*<80)<0.5}$	0.636

しい確率は,生成量

$$u_{\mu<c}^{(t)} = g(\mu^{(t)}) = \begin{cases} 1 & \mu^{(t)} < c \\ 0 & それ以外の場合 \end{cases} \tag{2.34}$$

の EAP で評価できます.

表 2.5 より,「店舗 B の牛丼の具の重さの平均は基準点 1 の 85 g より軽い.」という研究仮説 $U_{\mu<85}$ が正しい確率は 98.5%であり,ほぼ検証されました.「店舗 B の牛丼の具の重さの平均は基準点 2 の 80 g より軽い.」という研究仮説 $U_{\mu<80}$ が正しい確率は 36.4%です.このデータからのみ結論づけるのは早計かもしれません (**RQ.13** への回答).

表 2.3 を調べると「ある確率で起きることはどんなことだろうか」という疑問に答えることができます.c を指定して表 2.5 に類する表を調べると,逆に「ある現象はどの程度の確率で起きるだろうか」という疑問に答えることができます.

研究仮説を表現する 2 値の変数の例をもう 1 つ挙げましょう.「店舗 B の牛丼の具の重さは c g より軽い.」という研究仮説 $U_{x^*<c}$ が正しい確率は,生成量

$$u_{x^*<c}^{(t)} = g(x^{*\,(t)}) = \begin{cases} 1 & x^{*\,(t)} < c \\ 0 & それ以外の場合 \end{cases} \tag{2.35}$$

の EAP で評価されます.

表 2.5 より,「店舗 B の牛丼の具の重さは基準点 1 の 85 g より軽い.」という研究仮説 $U_{x^*<85}$ が正しい確率は 77.4%であり,3/4 強です.「店舗 B の牛丼の具の重さは基準点 2 の 80 g より軽い.」という研究仮説 $U_{x^*<80}$ が正しい確率は 45.8%であり,半分弱です (**RQ.14** への回答).

これは事後予測分布に基づく推論です.条件付き予測分布を利用した表 2.4 では,それぞれ 77.6%と 45.8%でした.前者は有効数字 3 桁目で食い違い,後者は 3 桁目まで一致しています.異なった推定量ですから,理論的には必ずしも一致はしません.確率の確率である確信区間を計算できるという意味では,条件付き

予測分布の分布を利用したほうが有利です．

「ある基準点から計算された効果量は別の基準点より小さい」という研究仮説 $U_{\delta_c < c'}$ が正しい確率は，生成量

$$u^{(t)}_{\delta_c < c'} = g(\delta_c^{(t)}) = \begin{cases} 1 & \delta_c^{(t)} < c' \\ 0 & それ以外の場合 \end{cases} \quad (2.36)$$

の EAP で評価されます．表 2.5 より，85 g を基準点とする効果量が -1.0 未満である確率は 30.6% であり，80 g を基準点とする効果量が 0.0 未満である確率は 36.4% であり，1/3 強です (**RQ.15** への回答)．

「『店舗 B の牛丼の具の重さは基準点 c より軽い．』という確率は基準確率点 c' 未満である．」という研究仮説 $U_{p(x^* < c) < c'}$ が正しい確率は，生成量

$$u^{(t)}_{p(x^* < c) < c'} = g(x^{*\,(t)}) = \begin{cases} 1 & F(c \mid \mu^{(t)},\ \sigma^{(t)}) < c' \\ 0 & それ以外の場合 \end{cases} \quad (2.37)$$

の EAP で評価されます．

表 2.5 より，85 g 未満しか盛ってもらえない確率は半分以下であるという信念は 1.5% しか正しくありません．また 80 g 未満しか盛ってもらえない確率は半分以下であるという信念は 63.6% 正しいようです (**RQ.16** への回答)．

2.7 論文・レポートでの報告文例

第 1 章冒頭で示した「牛丼問題」の分析結果を，論文やレポートで報告する際には，無駄なくかつ正確に記述する必要があります．結果を示す際の文例を示します．もちろん細かい表現や結果の取捨選択は，研究目的 (研究上の問い) によって異なりますから，以下は一例にすぎません．また考察の文例は割愛します．

チェックリスト：以下にチェックをつけて記述漏れを防いでください．□が状況の説明の項目であり，○が結果の記述の項目です．

□測定値，□尤度，□事前分布，□ソフトウェア (ver.No)□チェイン数，□バーンイン期間，□総乱数数，□乱数発生法，□スクリプト，○母数の推定，○生成量の推定，○予測分布，○研究仮説が真の確率，○ post.sd，○ 95% 確信区間

方法の記述例：MCMC 法の状態を特定するためには，さまざまなパラメタがあります．しかし使用したソフトウェア (ver.) 名を報告することにより，その既定値の報告は省略できます．

牛丼店 B の牛丼の具の重量 (単位 g) が正規分布 $x \sim N(\mu, \sigma)$ にしたがい，母平均 μ と母標準偏差 σ が，それぞれ十分広い範囲の一様分布 $\mu \sim U(0, 1000)$, $\sigma \sim U(0, 100)$ にしたがうとしてベイズ分析を行う．

Stan(ver.***) を用い，長さ 21000 のチェインを 5 つ発生させ，バーンイン期間を 1000 とし，HMC 法によって得られた 100000 個の乱数で事後分布・予測分布を近似する．母数・生成量のすべてに関して有効標本数は ** 個以上あり，$\hat{R} < 1.1$ であり，事後分布・予測分布からの乱数の近似と考えられる．スクリプトは付録に掲載する．

結果の記述例：以下に示した結果の記述は，本章で紹介した分析の一部です．これですべてではありません．研究目的に応じて加えたり，逆にここから除いてください．

点推定には EAP を用い，( ) で事後標準偏差を，[ ] で 95%の確信区間を表す．85 g を基準点 1，80 g を基準点 2 と呼ぶ．

表 2.3 より $\hat{\mu}$ は 80.6(1.9)[76.8, 84.4] である．表 2.4 より効果量は δ_{85} は $-0.811(0.376)[-1.556, -0.085]$ であり，$\hat{\delta}_{80}$ は $0.110(0.316)[-0.507, 0.730]$ である．また表 2.3 より予測分布は x^* は 80.6(6.4)[68.0, 93.3] である．

基準点 1・基準点 2 に固定して確率を評価すると，表 2.5 より $\hat{p}(\mu < 85) = 0.985$, $\hat{p}(\mu < 80) = 0.364$, $\hat{p}(x^* < 85) = 0.774$, $\hat{p}(x^* < 80) = 0.458$ である．逆に確率を固定するなら，95%の確信で明言できるのは $\mu < 83.7$ または $77.5 < \mu$ である．

2.8 章末問題

第 1 章の章末問題に登場した「足し算問題」のデータに関して，以下に関する

RQ. を，基準点も含めて自作し，分析し，考察しなさい．ただし事後分布は「EAP 推定値 (post.sd)[95%確信区間の上下値]」の形式で報告すること．

- **RQ.1** 平均値の点推定．
- **RQ.2** 平均値の両側区間推定．
- **RQ.3** 平均値の片側区間推定．
- **RQ.4** 標準偏差の点推定・区間推定．
- **RQ.5** 予測分布の予測区間．
- **RQ.6** 分散の点推定・区間推定．
- **RQ.7** 変動係数の点推定・区間推定．
- **RQ.8** 効果量の点推定．
- **RQ.9** 効果量の区間推定・片側区間推定の下限・上限．
- **RQ.10** %点の点推定・区間推定．
- **RQ.11** 基準点未満の測定値が観測される確率．(2.30) 式を使用．
- **RQ.12** 基準点との比の点推定・区間推定．
- **RQ.13** 平均値が基準点より小さい確率．
- **RQ.14** 基準点未満の測定値が観測される確率．(2.35) 式を使用．
- **RQ.15** 効果量が基準点より小さい確率．
- **RQ.16** 基準点未満の測定値が観測される確率が，基準確率より大きい確率．

3 独立した2群の差の推測

本章では，独立した 2 群の平均値の差などの推測の方法を論じます．この方法は，伝統的な統計学における**独立した 2 標本の** t **検定** (t test for two independent samples) やウェルチの t 検定 (Welch's t test) に対するオルタナティヴです．

3.1 独立した 2 群のデータ

以下の架空の問題を具体例として，**独立した 2 群** (two independent groups) の差の推測を考察しましょう．ここで独立とは，2 群のデータが互いに影響しあわずに測定されているということです．

> **数学教授法問題**：数学のある領域の授業のやりかたに関して，新学習法を開発しました．この学習法の効果を調べるために，まず 40 人の生徒を 2 つのクラス A・B に無作為に分けました．次にクラス A では新学習法で授業をし，クラス B では旧学習法で授業をしました．100 点満点の同じ期末試験をクラス A・B に実施し，結果を比較します．この期末試験は，小問は 3 点，中問は 5 点，大問は 10 点で構成されています．その結果，クラス A とクラス B の成績は表 3.1 のとおりでした．以後このデータを「数学データ」と呼びます．クラス A とクラス B の成績の差に関する推論をしてください．

表 3.1 クラス A とクラス B の数学の成績

クラス A	49, 66, 69, 55, 54, 72, 51, 76, 40, 62, 66, 51, 59, 68, 66, 57, 53, 66, 58, 57
クラス B	41, 55, 21, 49, 53, 50, 52, 67, 54, 69, 57, 48, 31, 52, 56, 50, 46, 38, 62, 59

ここではクラス A が効果を調べたい群であり，**実験群** (experimental group) といいます．実験群に対する働きかけを**処理** (treatment) といいます．クラス B

は比較のための群であり，**対照群** (control group, 統制群) といいます．

一方のクラスにだけ学力の高い人が集まると，学習法の違いでさらに成績が良くなったのか，もともと成績が良い生徒であったからなのか判定できません．このように処理以外の要因が結果に影響することを**交絡** (confounding) といい，その要因を交絡要因といいます．

交絡要因としては学力差ばかりでなく，学習動機の差，発達差，その他，さまざまな要因が考えられます．さまざまな交絡要因からの影響を避けるためには，2つの群の測定対象を (2つのクラスの生徒を) ランダムに分けることが望ましく，これを**無作為割り当て** (random assignment) といいます．

● **3.1.1 データの要約**

第1章で学んだように，まず，データの要約をしましょう．表3.2に平均値・標準偏差 (sd)・分散・25%点・中央値 (50%点)・75%点を示し，表3.3に小さい順に並べ替えた測定値を示します．

表 3.2 「数学データ」の数値要約

統計量	平均	sd	分散	25%点	50%点	75%点
クラス A	59.8	8.68	75.4	53.5	58.5	66.0
クラス B	50.5	11.09	123.1	47.0	52.0	56.5

表 3.3 クラス A・B の小さい順に並べ替えた測定値

順位	20, 19, 18, 17, 16, 15, 14, 13, 12, 11, 10, 09, 08, 07, 06, 05, 04, 03, 02, 01
クラス A	40, 49, 51, 51, 53, 54, 55, 57, 57, 58, 59, 62, 66, 66, 66, 66, 68, 69, 72, 76
クラス B	21, 31, 38, 41, 46, 48, 49, 50, 50, 52, 52, 53, 54, 55, 56, 57, 59, 62, 67, 69

第1章で学んだ1群のデータの場合には，図的要約としてヒストグラムを描くことが効果的でした．2群のデータの場合は，図3.1のような**箱ひげ図** (box-and-whisker plot) を描くことが効果的です．箱ひげ図はボックスプロット (box plot) ともいいます．また図3.1のような複数の群を並べて比較した図を，特に**平行箱ひげ図** (parallel box-and-whisker plot) ということもあります．

この図からは，新学習法で授業をしたクラスAのほうが，旧学習法で授業をしたクラスBよりも，全体的に成績が良いことが見て取れます．

箱ひげ図は，箱とその両側に出たひげで，データの分布を表現します．箱の上端は75%点，箱の下端は25%点，箱の真ん中の横棒は50%点です．75%点と25%点

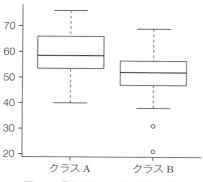

図 3.1 「数学データ」の箱ひげ図

との差を**四分位範囲** (interquartile range) といいます．箱の端から四分位範囲の c 倍以内で，それに最も近い内側の測定値までひげを引きます．箱の端から四分位範囲の c 倍以上の点は，**外れ値** (outlier) と呼んで，測定値を打点します．ここでは $c = 1.5$ と[*1)]します．

クラス A では 25%点の 53.5 から箱が始まり，50%点の 58.5 に線が引かれ，75%点の 66.0 まで箱が続きます．箱の端から四分位範囲の 1.5 倍上方の 84.75 ($= (66.0 - 53.5) \times 1.5 + 66.0$) は，最大値 76 より大きいので，上のひげは 76 まで引きます．下方の 34.75 ($= 53.5 - (66.0 - 53.5) \times 1.5$) は最小値 40 より小さいので，下のひげは 40 まで引きます．

クラス B では 47.0 から箱が始まり，52.0 に線が引かれ，56.5 まで箱が続きます．70.75 ($= (56.5 - 47.0) \times 1.5 + 56.5$) は最大値 69 より大きいので，上のひげは 69 まで引きます．32.75 ($= 47.0 - (56.5 - 47.0) \times 1.5$) より大きい最小測定値は 38 なので，下のひげは 38 まで引きます．21 と 31 は外れ値として，○で打点します．

● **3.1.2 研究上の問い**

問題文の最後に登場する「クラス A とクラス B の成績の差に関する推論」の題意とは何でしょうか．これは現実的要請に依存した問いであり，一意には定まら

[*1)] $c = 1.5$ と指定することが一般的です．ただし箱ひげ図には様々な書き方のバリエーションがあります．c の値を決めるのではなく，5%点と 95%点までひげを引く流儀，外れ値は書かない流儀，外れ値を程度に応じて分類する流儀などです．積率系の統計量ではなく，主として分位系の統計量で描かれることが，箱ひげ図の最大の特徴です．

ず，実はとても多様で豊かな目標を包含しています．差は，平均値の差ばかりではありません．

たとえば以下のような研究上の問い (RQ) がすぐに着想されます．以下は学習法を例に具体的に考えますが，カテゴリ・実験条件・処遇・その他どのような 2 群の差の考察においても同様に案出できます．

RQ.1 第 1 群の平均値が第 2 群の平均値より大きい確率．(ex. 新教授法は旧教授法とはまったく異なった原理で授業を展開します．その可能性は全く未知です．このため定量的な差ではなく，新原理が旧原理より有効であるか否か，平均的に成績を上昇させるか否かを基礎研究の立場から確認します．新教授法の平均的成績が，旧教授法のそれより高い確率はどれほどでしょう．)

RQ.2 第 1 群と第 2 群の平均値の差の点推定．平均値の差の区間推定．(ex. 新教授法と旧教授法の平均的成績差は素点でどれほどでしょう．またその差はどの程度の幅で確信できるでしょう．)

RQ.3 平均値の差の片側区間推定の下限・上限．(ex. 新教授法は既に採用され，実施されていますが，平均的な成績の上昇は少なくともどれだけ見込めるでしょう．あるいはどの程度の成績の上昇しか高々見込めないのでしょう．)

RQ.4 平均値の差が基準点 c より大きい確率．(ex. 新教授法には余分なコストがかかります．このため平均点の差が少ししかないのであれば，メリットは少なく導入できません．中間 1 つ分 (5 点) より大きい成績上昇が導入の条件であり，その確率が 70% より大きいならば新教授法を採用すると通達されています．採用すべきでしょうか，あるいは見送るべきでしょうか.)

RQ.5 効果量の点推定・区間推定・片側区間推定の下限・上限．(ex. 新教授法の効果は限定的な問題形式に依存しませんから素点による差の解釈は不可能です．でも偏差値なら比較可能です．平均的な成績差は偏差値換算でどれほどでしょう．またその差はどの程度の幅で確信すればよいのでしょう．少なく見積もって，最低どの程度の偏差値上昇が見込まれるでしょう．逆に多めに見積もっても，どの程度の偏差値上昇しか見込めないでしょう．)

RQ.6 効果量が基準点 c より大きい確率．(ex. 偏差値換算で 3.0 より大きい平均値の上昇が見込まれる確率が 90% より大きいならば新教授法を採用します．それほどでなければ見送ります．採否をどう決断すればよいでしょう．)

RQ.7 非重複度の点推定・区間推定・片側区間推定の下限・上限．(ex. 旧教授法で平均的な成績の生徒は，仮に新教授法で学習するならば，平均的に全体

の何%の生徒を追い抜けるでしょう．あるいは控えめに見積もるならば，最低何%の生徒しか追い抜けないでしょうか．)

RQ.8 非重複度が基準点 c より大きい確率．(ex. 旧教授法で平均的な成績の生徒が，新教授法で学習することによって，全体の 10% より多い生徒を追い抜く確率が 90% より大きいなら，授業料の高い新教授法を受けたいのですが，私はどう判断したらよいでしょう．)

RQ.9 優越率の点推定・区間推定・片側区間推定の下限・上限．(ex. 平均的な成績の生徒には限定せず，無作為に選ばれた新教授法で学習した生徒の成績が，無作為に選ばれた旧教授法で学習した生徒の成績を上回る確率はどれほどでしょう．また新教授法は効果がないという意見があるので，廃止が検討されています．成績が上回る確率は高々どれほどでしょう．)

RQ.10 優越率が基準確率 c より大きい確率．(ex. 無作為に選ばれた新教授法と旧教授法で学習した生徒を比較するとき，前者の成績が高い確率が 80% より大きいという目標値が定められています．この確率的目標がクリアできるメタ確率はどれほどでしょう．)

RQ.11 閾上率[*2)]の点推定・区間推定・片側区間推定の下限・上限．(ex. 無作為に選ばれた新教授法と旧教授法で学習した生徒を比較します．新教授法の成績と旧教授法の成績の差が 3 点より大きい確率はどれほどでしょう．)

RQ.12 閾上率が基準確率 c' より大きい確率．(ex. 新教授法で学習した生徒の成績と旧教授法で学習した生徒の成績の差が 3 点より大きい確率が 80% より大きいという目標値が定められています．この確率的目標がクリアできるメタ確率はどれほどでしょう．)

● **3.1.3　標準偏差が共通した正規分布モデル**

カテゴリ (性別，地域，年齢 $\cdots$)・実験条件 (温度，材料，時間 $\cdots$)・処遇 (学習法，治療法 $\cdots$) などにより，連続変数の測定値 $\boldsymbol{x}$ を

$$\boldsymbol{x} = (\boldsymbol{x}_1, \boldsymbol{x}_2) \tag{3.1}$$

のように，2 つの群に分けることができる場合があります．ここで

$$\boldsymbol{x}_1 = (x_{11}, x_{12}, \cdots, x_{1n_1}), \quad \boldsymbol{x}_2 = (x_{21}, x_{22}, \cdots, x_{2n_2}) \tag{3.2}$$

[*2)]「いきじょうりつ」と読みます．3.6 節で解説します．

であり，第1群のデータ数は n_1，第2群のデータ数は n_2 です．2群の測定値が共通した標準偏差をもつ正規分布 (1.8) 式にしたがっている

$$x_{1i} \sim N(\mu_1, \sigma), \quad x_{2i} \sim N(\mu_2, \sigma) \tag{3.3}$$

とします．

母数の集まりは

$$\boldsymbol{\theta} = (\mu_1, \mu_2, \sigma) \tag{3.4}$$

です．群内・群間で測定が独立だとすると，(1.31) 式に相当する尤度は

$$\begin{aligned} f(\boldsymbol{x}|\boldsymbol{\theta}) &= f(\boldsymbol{x}_1, \boldsymbol{x}_2|\mu_1, \mu_2, \sigma) \\ &= f(x_{11}|\mu_1, \sigma) \times \cdots \times f(x_{1n_1}|\mu_1, \sigma) \\ &\quad \times f(x_{21}|\mu_2, \sigma) \times \cdots \times f(x_{2n_2}|\mu_2, \sigma) \end{aligned} \tag{3.5}$$

となります．

(1.33) 式に相当する同時事前分布を，

$$f(\boldsymbol{\theta}) = f(\mu_1, \mu_2, \sigma) = f(\mu_1)f(\mu_2)f(\sigma) \tag{3.6}$$

とし，(1.36) 式に相当する事後分布を，

$$f(\boldsymbol{\theta}|\boldsymbol{x}) = f(\mu_1, \mu_2, \sigma|\boldsymbol{x}_1, \boldsymbol{x}_2) \propto f(\boldsymbol{x}_1, \boldsymbol{x}_2|\mu_1, \mu_2, \sigma)f(\mu_1, \mu_2, \sigma) \tag{3.7}$$

と導きます．MCMC 法により，正規化定数の評価 (重積分の定積分) は必要なくなり，母数の事後分布・生成量の事後分布・予測分布にしたがう乱数を生成することが可能です．

この場合，将来のデータは $\boldsymbol{x}^* = (x_1^*, x_2^*)$ ですから，(2.10) 式に相当する2変数の事後予測分布は，

$$x_1^{*(t)} \sim N(\mu_1^{(t)}, \sigma^{(t)}) \tag{3.8}$$

$$x_2^{*(t)} \sim N(\mu_2^{(t)}, \sigma^{(t)}) \tag{3.9}$$

という乱数列で近似します．

また (2.12) 式に相当する条件付き予測分布は，何らかの推定値を用いて

$$f(\boldsymbol{x}^*|\hat{\boldsymbol{\theta}}) = f(x_1^*, x_2^*|\hat{\mu}_1, \hat{\mu}_2, \hat{\sigma}) = f(x_1^*|\hat{\mu}_1, \hat{\sigma})f(x_2^*|\hat{\mu}_2, \hat{\sigma}) \tag{3.10}$$

となります．

3.2 母平均の差[*3]

属性差・条件差・処遇差を評価したい場合には,母平均の差 $\mu_1 - \mu_2$ に関する推測が基本です.母平均の差の事後分布は生成量

$$g(\mu_1^{(t)}, \mu_2^{(t)}) = \mu_1^{(t)} - \mu_2^{(t)} \tag{3.11}$$

によって近似できます.近似された事後分布を要約して,点推定値, post.sd, %点,確信区間,片側上限,片側下限の点を評価します (**RQ.2, 3**).

「研究仮説 $U_{\mu_1 > \mu_2}$:第 1 群の母平均のほうが第 2 群の母平均より大きい」
が正しい確率は,生成量

$$u_{\mu_1 > \mu_2}^{(t)} = g(\mu_1^{(t)}, \mu_2^{(t)}) = \begin{cases} 1 & \mu_1^{(t)} - \mu_2^{(t)} > 0 \\ 0 & それ以外の場合 \end{cases} \tag{3.12}$$

の EAP で評価します (**RQ.1**).

3.2.1 基準点より大きい母平均の差

研究仮説 $U_{\mu_1 > \mu_2}$ は実質科学的知見によらずに,いうなればオールマイティに設定できる命題です.しかし差が正であれば,それがどんなに微小な差であっても,この命題は真になります.どちらが大きいかという定性的な性質のみに興味がある場合以外は,これは実質科学的には不自然な研究仮説です.

ここでもし,固有技術からの何らか基準によって**基準点** (critical point) c が定められるなら,それ以上の差があるときに実質的に差があると推測できます.ただし基準点 c は,しばしば統計学とは無関係にドメイン知識から定めます.

「研究仮説 $U_{\mu_1 - \mu_2 > c}$:μ_1 と μ_2 の差は c より大きい」
が正しい確率は,生成量

$$u_{\mu_1 - \mu_2 > c}^{(t)} = g(\mu_1^{(t)}, \mu_2^{(t)}) = \begin{cases} 1 & \mu_1^{(t)} - \mu_2^{(t)} > c \\ 0 & それ以外の場合 \end{cases} \tag{3.13}$$

[*3] ここから 2 群の差異に関するたくさんの指標が登場します.本質的なことではありませんが,平均値の大きい方を第 1 群と呼び,平均値の小さい群を第 2 群と呼び,差が正になるようにして,指標のイメージを形成します.第 3 章では第 1 群を実験群,第 2 群を対照群として説明します.第 4 章では第 1 群をプリテスト群,第 2 群をポストテスト群として説明します.あくまでも便宜的な呼び名です.第 5 章の水準間・セル間の比較でも同様です.

の EAP で評価します (**RQ.4**).

3.3 効　果　量

平均値の差は，本来，実質科学的観点から評価されるべきものですが，それが困難である場合にも評価しやすい指標があります．たとえば，効果量・非重複度・優越率などです．

効果量 (effect size)[*4] は，平均値の差を標準偏差で割った

$$\delta = \frac{\mu_1 - \mu_2}{\sigma} \tag{3.14}$$

で定義されます．つまり平均値差は標準偏差の何倍かという指標です．効果量を10倍すると，それは2つの群の平均値が偏差値[*5]換算でどれだけ離れているかの目安となります．その事後分布は，生成量

$$\delta^{(t)} = g(\mu_1^{(t)}, \mu_2^{(t)}, \sigma^{(t)}) = \frac{\mu_1^{(t)} - \mu_2^{(t)}}{\sigma^{(t)}} \tag{3.15}$$

によって近似できます．近似された事後分布を要約して，点推定値, post.sd, %点, 確信区間, 片側上限, 片側下限の点を評価します (**RQ.5**).

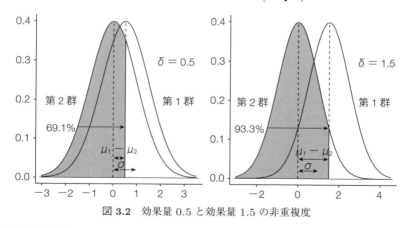

図 **3.2**　効果量 0.5 と効果量 1.5 の非重複度

[*4] より直接的に，**標準化された平均値差** (standardized mean difference) と呼ばれることもあります．また効果量という用語は，より一般的に，効果の量を表現する文脈で使用される場合もあります．しかし本書では効果量という用語を，標準化された平均値差の意味で利用します．

[*5] 偏差値は標準得点を1次変換 (10倍して50を足) した指標であり，本来，必ずしも学力を表現する指標ではありません．偏差値はどのような測定値に対しても解釈の助けとなります．

図 3.2 の左図に，$\delta = 0.5$ の 2 つの正規分布を例示しました．平均値の差が，共通な標準偏差に対して半分の長さであることが示されています．偏差値換算で 5.0 の差です．右図には $\delta = 1.5$ の 2 つの正規分布を例示しました．平均値の差が，共通な σ に対して 1.5 倍の長さであることが示されています．偏差値換算で 15.0 の差です．

● 3.3.1　基準点より大きい効果量

効果量に関しても基準点を定めれば，効果量が基準点より大きい確率を求めることができます．10 倍した効果量は偏差値換算での平均値差になるのですから，効果量の基準点は実質科学的な知見が乏しい場合にも設定が容易です．たとえば効果量 0.3 は「2 つの群の平均値の差は，偏差値換算で 3.0 である」と解釈されます．「研究仮説 $U_{\delta > c}$：効果量は c より大きい」が正しい確率は，生成量

$$u^{(t)}_{\delta>c} = g(\mu_1^{(t)}, \mu_2^{(t)}, \sigma^{(t)}) = \begin{cases} 1 & \delta^{(t)} > c \\ 0 & \text{それ以外の場合} \end{cases} \quad (3.16)$$

の EAP で評価します (**RQ.6**)．

● 3.4　非 重 複 度 ●

第 1 群の平均値 μ_1 は，第 2 群では何％点に相当するか

$$U_3 = F(\mu_1 | \mu_2, \sigma) \quad (3.17)$$

は平均値の差の解釈をするときに有用です．これを**非重複度** (Cohen の U_3, third measure of nonoverlap[*6)]) と呼びます．この指標は，0.5 のときに第 1 群と第 2 群が完全に重複していることを意味します．0.5 から離れ，0.0 や 1.0 に近づくほど非重複度が大きいと解釈します．

たとえばこの値が 0.9 なら，第 1 群の平均値は，第 2 群では 90％点（上から 1 割，あるいは平均値より 40％上）ということであり，2 つの群の違いを確率で表現します．

(3.17) 式は第 2 群からみた μ_1 の位置です．逆に第 1 群からみた μ_2 の位置は

[*6)] Cohen, J. (1988) "*Statistical Power Analysis for the Behavioral Sciences*", (2nd ed.), Lawrence Erlbaum Associates.

($\mu_1 > \mu_2$ を考慮して)

$$U_3 = 1 - F(\mu_2|\mu_1, \sigma) \tag{3.18}$$

と定義します．こうすることによって，値が大きくなると非重複の程度も大きくなります．ただし標準偏差が共通している場合には

$$F(\mu_1|\mu_2, \sigma) = 1 - F(\mu_2|\mu_1, \sigma) \tag{3.19}$$

ですから，どちらか一方を計算すれば済みます．先の例では，第 2 群の平均値は第 1 群の平均値の 10%点 (下から 1 割，あるいは平均値から 40%下) です．

その事後分布は，生成量

$$U_3^{(t)} = g(\mu_1^{(t)}, \mu_2^{(t)}, \sigma^{(t)}) = F(\mu_1^{(t)}|\mu_2^{(t)}, \sigma^{(t)}) \tag{3.20}$$

によって近似できます．近似された事後分布を要約して，点推定値, post.sd, %点，確信区間，片側上限，片側下限の点を評価します (**RQ.7**).

効果量を例示した図 3.2 には非重複度も示しています．$\delta = 0.5$ の左図の非重複度は 69.1%です．この場合，旧教授法で平均的な成績の生徒は，仮に新教授法で学習するならば，平均的に全体の 19.1% ($= 69.1\% - 50.0\%$) の生徒を追い抜きます．$\delta = 1.5$ の右図の非重複度は 93.3%です．この場合，旧教授法で平均的な成績の生徒は，仮に新教授法で学習するならば，平均的に全体の 43.3% ($= 93.3\% - 50.0\%$) の生徒を追い抜きます．

● 3.4.1　基準確率より大きい非重複度

非重複度が基準確率より大きい確率を求めることができます．非重複度の基準確率は，実質科学的な知見が乏しい場合にも設定が容易です．たとえば「第 1 群の平均的な測定値は，第 2 群のそれより 10%より大きい点にある」という命題の確からしさは，$p(U_3 > 0.6)$ で評価できます．

「研究仮説 $U_{U_3 > c}$：非重複度は c より大きい」
が正しい確率は，生成量

$$u_{U_3 > c}^{(t)} = g(\mu_1^{(t)}, \mu_2^{(t)}, \sigma^{(t)}) = \begin{cases} 1 & U_3^{(t)} > c \\ 0 & \text{それ以外の場合} \end{cases} \tag{3.21}$$

の EAP で評価します (**RQ.8**).

3.5 優 越 率

無作為に選んだ一方の群の測定値が，無作為に選んだ他方の群の測定値を上回る確率を**優越率** (probablity of dominance, π_d)[*7]といいます．2つの群の違いを表現する別の方法です．標準偏差が共通する独立した2つの測定値の差は

$$x_1^* - x_2^* \sim N(\mu_1 - \mu_2, \sqrt{2}\sigma) \tag{3.22}$$

にしたがうので，

$$\begin{aligned}\pi_d &= p(x_1^* - x_2^* > 0) \\ &= p\left(\frac{(x_1^* - x_2^*) - (\mu_1 - \mu_2)}{\sqrt{2}\sigma} > \frac{0 - (\mu_1 - \mu_2)}{\sqrt{2}\sigma}\right) = p\left(z > \frac{-\delta}{\sqrt{2}}\right) \\ &= p\left(z < \frac{\delta}{\sqrt{2}}\right) \end{aligned} \tag{3.23}$$

と求まります．ここで z は平均0，標準偏差1の**標準正規分布** (standard normal distribution) にしたがう変数です．

優越率を評価する方法は2種類あります．1つは優越率の事後分布を求める方法であり，生成量

$$\pi_d^{(t)} = g(\mu_1^{(t)}, \mu_2^{(t)}, \sigma^{(t)}) = F\left(\left.\frac{\delta^{(t)}}{\sqrt{2}}\right| \mu = 0, \sigma = 1\right) \tag{3.24}$$

によって近似できます．近似された事後分布を要約して，点推定値，post.sd，％点，確信区間 (この区間に入る確率は，確率の確率という意味でメタ確率です)，片側上限，片側下限の点を評価します (**RQ.9**)．

もう1つは事後予測分布をそのまま使用する方法です．

「研究仮説 $U_{x_1^* - x_2^* > 0}$：第1群の測定値が第2群の測定値を上回る」
が成立する確率は，生成量

$$u_{x_1^* - x_2^* > 0}^{(t)} = g(\mu_1^{(t)}, \mu_2^{(t)}, \sigma^{(t)}) = \begin{cases} 1 & x_1^{*(t)} - x_2^{*(t)} > 0 \\ 0 & \text{それ以外の場合} \end{cases} \tag{3.25}$$

の EAP で評価します．ただし後者の方法は点推定値しか求まりません．

[*7] 南風原朝和・芝祐順 (1987) 相関係数及び平均値差の解釈のための確率的な指標．教育心理学研究，**37**，259–267．

● 3.5.1　基準確率より大きい優越率

優越率が基準確率を上回る確率を求めることができます．たとえば「第 1 群の測定値が，第 2 群の測定値より大きい確率は 80%より大きい」という命題の確からしさは，$p(\pi_d > 0.8)$ で評価できます．

「研究仮説 $U_{\pi_d > c}$：優越率は c より大きい」が正しい確率 $p(p(x_1^* > x_2^*) > c)$ は，生成量

$$u_{\pi_d > c}^{(t)} = g(\mu_1^{(t)}, \mu_2^{(t)}, \sigma^{(t)}) = \begin{cases} 1 & \pi_d^{(t)} > c \\ 0 & \text{それ以外の場合} \end{cases} \quad (3.26)$$

の EAP で評価します (**RQ.10**)．

● 3.6　閾　上　率 ●

優越率を拡張し，無作為に選んだ一方の群の測定値と他方の群の測定値の差が基準点 c より大きくなる確率を調べます．この確率を，閾値 c を上回る確率という意味で，閾上率 (probability beyond threshold) と呼びます．たとえば「第 1 群の測定値と第 2 群の測定値の差が 3 より大きい確率」の評価です．閾上率は

$$\pi_c = p(x_1^* - x_2^* > c) = p\left(\frac{(x_1^* - x_2^*) - (\mu_1 - \mu_2)}{\sqrt{2}\sigma} > \frac{c - (\mu_1 - \mu_2)}{\sqrt{2}\sigma}\right)$$
$$= p\left(z < \frac{\mu_1 - \mu_2 - c}{\sqrt{2}\sigma}\right) \quad (3.27)$$

と求まります．

閾上率 π_c の事後分布は生成量

$$\pi_c^{(t)} = g(\mu_1^{(t)}, \mu_2^{(t)}, \sigma^{(t)}) = F\left(\left.\frac{\mu_1^{(t)} - \mu_2^{(t)} - c}{\sqrt{2}\sigma^{(t)}}\right| \mu = 0, \sigma = 1\right) \quad (3.28)$$

によって近似できます．近似された事後分布を要約して，点推定値, post.sd, %点, 確信区間, 片側上限, 片側下限の点を評価します (**RQ.11**)．

また事後予測分布を利用し

「研究仮説 $U_{x_1^* - x_2^* > c}$：第 1 群の測定値と第 2 群の測定値の差が c より大きい」が成立する閾上率は，生成量

$$u_{x_1^* - x_2^* > c}^{(t)} = g(\mu_1^{(t)}, \mu_2^{(t)}, \sigma^{(t)}) = \begin{cases} 1 & x_1^{*(t)} - x_2^{*(t)} > c \\ 0 & \text{それ以外の場合} \end{cases} \quad (3.29)$$

のEAPでも評価できます．ただし後者の方法は点推定値しか求まりません．

3.6.1　基準確率より大きい閾上率

閾上率が基準確率以上である確率を求めることができます．たとえば「第1群の測定値と第2群の測定値の差が3より大きい確率が80%より大きい」という研究命題の確率的評価です．

「研究仮説 $U_{p(x_1^* - x_2^* > c) > c'}$：第1群の測定値と第2群の測定値の差が c より大きい確率は c' より大きい」が正しい確率 $p(p(x_1^* - x_2^* > c) > c')$ は，生成量

$$u^{(t)}_{p(x_1^* - x_2^* > c) > c'} = g(\mu_1^{(t)}, \mu_2^{(t)}, \sigma^{(t)}) = \begin{cases} 1 & \pi_c^{(t)} > c' \\ 0 & \text{それ以外の場合} \end{cases} \quad (3.30)$$

のEAPで評価します (**RQ.12**)．

3.7　分　　　析

前出の「数学教授法問題」を例にとり，独立した2群の平均値差などの推測を行います．

クラスAの生徒の成績が正規分布 $x_1 \sim N(\mu_1, \sigma)$ にしたがい，クラスBの生徒の成績が正規分布 $x_2 \sim N(\mu_2, \sigma)$ にしたがうと仮定します．数学のテストは0点から100点で採点されるので，母平均 μ_1 と μ_2 の事前分布は一様分布 $U(0, 100)$ とし，母標準偏差 σ の事前分布は一様分布 $U(0, 50)$ にしたがうと仮定してベイズ分析を行いました．

ここでは長さ21000のチェインを5つ発生させ，バーンイン期間を1000とし，HMC法によって得られた10万個の乱数で事後分布・予測分布を近似しました．表3.4に有効標本数 n_{eff} と収束判定指標 $\hat{R}$ を示します．母数・生成量のすべてに関して有効標本数が多く，$\hat{R} < 1.1$ であり，事後分布・予測分布へ収束してい

表3.4　「数学教授法問題」の乱数列の評価

	n_{eff}	$\hat{R}$
μ_1	64596	1.00
μ_2	66642	1.00
σ	54422	1.00
x_1^*	97576	1.00
x_2^*	97980	1.00

3.7.1 母平均の差

平均と標準偏差と平均の差の事後分布の推定結果を表 3.5 に示します．図 3.3 の左側には，実験群と対照群の EAP による条件付き予測分布と，μ_1 と μ_2 の事後分布を示しました．

点推定には EAP を用い，( ) で事後標準偏差を，[ ] で 95%の確信区間を表すと，$\hat{\mu}_1$ は 59.7(2.4)[55.0, 64.4]，$\hat{\mu}_2$ は 50.5(2.4)[45.8, 55.2]，$\hat{\sigma}$ は 10.6(1.3)[8.5, 13.4] でした．また母平均の差は 9.2(3.4)[2.5, 15.9] でした．図 3.3 の右側には，母平均の差の事後分布を図示しました．

(3.11) 式による新教授法と旧教授法との平均的成績差の点推定値は 9.2 点であり，素点で大問 1 つぶんを若干下回る程度でした．差の確信区間の範囲 13.3 (= 15.9 − 2.6) は大問 1 つぶんより広くなりました (**RQ.2** への回答).

新教授法による平均的な成績の上昇は，95%の確信で少なくとも 3.7 点より大きいといえます．あるいは高々 14.8 点未満の成績の上昇しか見込めないでしょう

表 3.5 母平均と sd と平均の差の事後分布の推定結果

	EAP	post.sd	1%	2.5%	5%	50%	95%	97.5%	99%
μ_1	59.7	2.4	54.1	55.0	55.8	59.7	63.7	64.4	65.4
μ_2	50.5	2.4	44.8	45.8	46.6	50.5	54.4	55.2	56.1
σ	10.6	1.3	8.2	8.5	8.7	10.4	12.8	13.4	14.1
$\mu_1 - \mu_2$	9.2	3.4	1.2	2.6	3.7	9.2	14.8	15.9	17.2

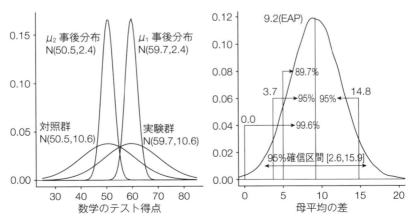

図 3.3 データの分布と母平均の事後分布，母平均の差の事後分布

(**RQ.3** への回答).

(3.12) 式と (3.13) 式による平均の差の確率を表 3.6 に示します．実験群の平均値が対照群の平均値より大きい確率は 99.6%です (**RQ.1** への回答)．差の基準点を，小問の 3 点，中間の 5 点，大問の 10 点とします．実験群の平均値と対照群の平均値の差が 3 点より大きい確率は 96.8%であり，5 点より大きい確率は 89.7%であり，10 点より大きい確率は 41.0%です．

表 3.6 母平均の差が基準点より大きい確率

研究仮説	EAP
$U_{\mu_1-\mu_2>0}$	0.996
$U_{\mu_1-\mu_2>3}$	0.968
$U_{\mu_1-\mu_2>5}$	0.897
$U_{\mu_1-\mu_2>10}$	0.410

新教授法には余分なコストがかかるため，少しぐらいの効果では導入できないのでした．中間 1 つぶん (5 点) より大きい成績上昇が導入の条件であり，その確率が 70%より大きい場合に採用することになっていました．89.7%は 70%を上回っていますから，この新教授法は採用です (**RQ.4** への回答).

● **3.7.2 効　果　量**

効果量 (3.14) 式の事後分布の推定結果を表 3.7 に示します．図 3.4 の左図に効果量の事後分布を示します．

(3.15) 式による推定値は $\hat{\delta} = 0.886(0.334)[0.234, 1.538]$ です．点推定値は偏差値換算で 8.86 上昇しています．効果量の確信区間の長さ $1.304(= 1.538 - 0.234)$ は偏差値換算で約 13 です．また効果量は，95%の確信で高々 1.435 未満であると言えますし，95%の確信で少なくとも 0.334 より大きいと言えます (**RQ.5** への回答).

「偏差値換算で 3.0 より大きい平均値の上昇が見込まれる確率が 90%より大きければ，新教授法を採用します．それほどでなければ見送ります．」ということであれば，(3.16) 式の基準点を 0.3 に設定します．$\delta > 0.3$ の確率を求めると 96.1%と

表 3.7 効果量の事後分布の推定結果

	EAP	post.sd	1%	2.5%	5%	50%	95%	97.5%	99%
δ	0.886	0.334	0.108	0.234	0.340	0.886	1.435	1.538	1.664
$p(\delta > 0.3)$	0.961								

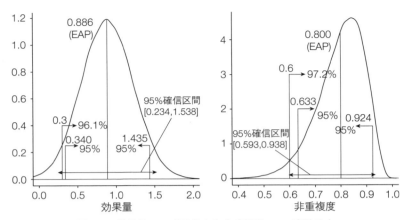

図 3.4 効果量 δ の事後分布と非重複度 U_3 の事後分布

なりましたから，新教授法は採用です (**RQ.6** への回答).

● 3.7.3 非 重 複 度

非重複度 (3.17) 式の事後分布の推定結果を表 3.8 に示します．図 3.4 の右図に非重複度の事後分布を示します．

表 3.8 非重複度の事後分布の推定結果

	EAP	post.sd	1%	2.5%	5%	50%	95%	97.5%	99%
U_3	0.800	0.090	0.543	0.593	0.633	0.812	0.924	0.938	0.952
$p(U_3 > 0.6)$	0.972								

(3.20) 式による推定値は $\hat{\delta} = 0.800(0.090)[0.593, 0.938]$ です．旧教授法で平均的な成績の生徒は，仮に新教授法で学習するならば，平均的に全体の 30%(0.800 − 0.5) の生徒を追い抜けるでしょう．あるいは 95% の確信をもって明言するならば，控えめに見積もって 13.3%(0.633 − 0.5) より多くの生徒を追い抜けるでしょう (**RQ.7** への回答).

「旧教授法で平均的な成績である生徒が，新教授法で学習することによって，全体の 10% より多い生徒を追い抜く確率が 90% より大きければ，授業料の高い新教授法を受けたい．」とのことでしたら，(3.21) 式を用いて評価すればよく，$p(U_3 > 0.6) = 0.972$ でしたから，受講することを決断すべきです (**RQ.8** への回答).

● 3.7.4 事後予測分布

x_1^* と x_2^* の事後予測分布の推定結果を表 3.9 に示します. 2 列目は post.sd ではなく標準偏差です. 図 3.5 の左図に条件付き予測分布と事後予測分布を重ねて描きました. 両者は互いに似通っています.

表 3.9 事後予測分布の推定結果

	μ	σ	1%	2.5%	5%	50%	95%	97.5%	99%
x_1^*	59.7	10.9	34.1	38.3	41.9	59.7	77.5	80.9	85.5
x_2^*	50.5	10.9	24.5	29.0	32.7	50.4	68.3	72.0	76.3

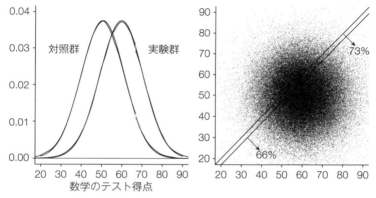

図 3.5 条件付き予測分布と事後予測分布の比較, 同時事後予測分布

条件付き予測分布は図 3.3 に示したとおりに正規分布であり, 滑らかな曲線で描かれます. それに対して事後予測分布は, (3.8) 式, (3.9) 式を用いた乱数による近似ですから曲線がガタガタしています. 中央付近の高さが若干低く, 周辺部の裾が重たい曲線が事後予測分布です.

図 3.5 の右図に, (3.8) 式, (3.9) 式の乱数による x_1^* と x_2^* の同時事後予測分布を示しました. 縦軸と横軸は同じ目盛をふっていますので, 全体的に右下に散布していることにより, 実験群の平均値のほうが大きいことが観察されます.

● 3.7.5 優 越 率

優越率 (3.23) 式の事後分布を, (3.24) 式で計算し, その推定結果を表 3.10 の 1 行目に示します. 図 3.6 の左図に優越率の事後分布を示します. 推定値は

表 3.10 優越率と閾上率の事後分布の推定結果

	EAP	post.sd	1%	2.5%	5%	50%	95%	97.5%	99%
π_d	0.729	0.077	0.530	0.566	0.595	0.735	0.845	0.862	0.880
$\pi_{3.0}$	0.660	0.082	0.455	0.489	0.519	0.664	0.788	0.808	0.831

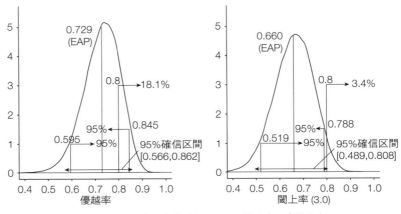

図 3.6 優越率の事後分布，3.0 の閾上率の事後分布

$\hat{\delta} = 0.729(0.08)[0.57, 0.86]$ です．(3.25) 式では，$p(u_{x_1^* - x_2^* > 0}^{(t)} = 1) = p(x_1^* > x_2^*) = 0.729$ であり，3 桁目まで一致しました．

平均的な成績の生徒には限定せず，無作為に選ばれた新教授法で学習した生徒の成績が，無作為に選ばれた旧教授法で学習した生徒の成績を上回る確率は約 73％です．このことを図 3.5 の右図に示しました．優越率が約 0.73 であるということは $x_2^* = x_1^*$ の直線より右下に全体の約 73％の点が打点されているということです．

新教授法で学習した生徒の成績が上回る確率は，95％の確信をもって，少なくとも約 59.5％より大きく，高々約 84.5％未満です (**RQ.9** への回答)．

新教授法と旧教授法で学習した生徒を比較するとき，前者の成績が高い確率が 80％より大きいという目標値が定められているとします．この確率的目標がクリアできるメタ確率は，(3.26) 式を評価し，$p(u_{\pi_d > 0.8}^{(t)} = 1) = p(p(x_1^* > x_2^*) > 0.8) = 0.181$ でした．5 分の 1 弱です (**RQ.10** への回答)．

● **3.7.6 閾　上　率**

第 1 群の測定値と第 2 群の測定値の差が 3.0 点より大きい閾上率は (3.27) 式に $c = 3.0$ を代入し，その事後分布を (3.28) 式を用いて求めます．推定結果を表

3.10 の 2 行目に示します. 推定値は $\hat{\delta} = 0.660(0.082)[0.489, 0.808]$ です.

(3.29) 式では, $p(u^{(t)}_{x_1^* - x_2^* > 3.0} = 1) = p(x_1^* - x_2^* > 3.0) = 0.660$ であり, 3 桁目まで一致しています. 新教授法で学習した生徒の成績と, 旧教授法で学習した生徒の成績の差が 3.0 点より大きい確率は約 66% です (**RQ.11** への回答). このことを図 3.5 の右図に示しました. $x_2^* = x_1^* - 3$ の直線より右下に, 全体の約 66% の点が打点されているということです.

新教授法での成績と, 旧教授法での成績の差が 3.0 点より大きい閾上率が 80% より大きいという目標値が定められているとします. この確率的目標がクリアできる確率は, (3.30) 式を評価し, $p(u^{(t)}_{p(x_1^* - x_2^* > 3.0) > 0.8} = 1) = p(p(x_1^* - x_2^* > 3.0) > 0.8) = 0.034$ でした. その可能性はほとんど期待できないようです (**RQ.12** への回答).

● 3.8 標準偏差が異なる正規分布モデル ●

2 つの群の測定値の標準偏差 σ は, ここまでは互いに等しいものと仮定して論を進めてきました. 共通の標準偏差の推定値は, たとえば $\hat{\sigma}_{eap} = 10.6$ でした. しかし表 3.2 では, クラス A・B の標準偏差は, それぞれ 8.68 と 11.09 であり, 若干異なっていました. ここでは, 標準偏差が群ごとに異なる正規分布モデルを紹介します.

データの形式である (3.1) 式, (3.2) 式には変化はありませんが, (3.3) 式が 2 群の測定値が異なった標準偏差を持つ正規分布にしたがっている

$$x_{1i} \sim N(\mu_1, \sigma_1), \quad x_{2i} \sim N(\mu_2, \sigma_2) \tag{3.31}$$

とします. 要するに σ を, σ_1 と σ_2 とに置き代えました. (3.4) 式の母数ベクトルは

$$\boldsymbol{\theta} = (\mu_1, \mu_2, \sigma_1, \sigma_2) \tag{3.32}$$

です. 群内・群間で測定が独立だとすると, (3.5) 式に相当する尤度は

$$\begin{aligned} f(\boldsymbol{x}|\boldsymbol{\theta}) &= f(\boldsymbol{x}_1, \boldsymbol{x}_2|\mu_1, \mu_2, \sigma_1, \sigma_2) \\ &= f(x_{11}|\mu_1, \sigma_1) \times \cdots \times f(x_{1n_1}|\mu_1, \sigma_1) \\ &\quad \times f(x_{21}|\mu_2, \sigma_2) \times \cdots \times f(x_{2n_2}|\mu_2, \sigma_2) \end{aligned} \tag{3.33}$$

となります.

(3.6) 式に相当する同時事前分布を,

$$f(\boldsymbol{\theta}) = f(\mu_1, \mu_2, \sigma_1, \sigma_2) = f(\mu_1)f(\mu_2)f(\sigma_1)f(\sigma_2) \tag{3.34}$$

とし, (3.7) 式に相当する事後分布を,

$$f(\boldsymbol{\theta}|\boldsymbol{x}) = f(\mu_1, \mu_2, \sigma_1, \sigma_2 | \boldsymbol{x}_1, \boldsymbol{x}_2) \propto f(\boldsymbol{x}_1, \boldsymbol{x}_2 | \mu_1, \mu_2, \sigma_1, \sigma_2) f(\mu_1, \mu_2, \sigma_1, \sigma_2) \tag{3.35}$$

と導きます. MCMC 法により, 母数の事後分布・生成量の事後分布・予測分布にしたがう乱数を生成することが可能なのでした.

(3.8) 式, (3.9) 式にしたがう事後予測分布は,

$$x_1^{*(t)} \sim N(\mu_1^{(t)}, \sigma_1^{(t)}), \quad x_2^{*(t)} \sim N(\mu_2^{(t)}, \sigma_2^{(t)}) \tag{3.36}$$

という乱数列で近似します. (3.10) 式に相当する条件付き予測分布は, 何らかの推定値を用いて

$$f(\boldsymbol{x}^*|\hat{\boldsymbol{\theta}}) = f(x_1^*, x_2^*|\hat{\mu}_1, \hat{\mu}_2, \hat{\sigma}_1, \hat{\sigma}_2) = f(x_1^*|\hat{\mu}_1, \hat{\sigma}_1)f(x_2^*|\hat{\mu}_2, \hat{\sigma}_2) \tag{3.37}$$

となります.

● **3.8.1 効 果 量**

(3.14) 式で定義された効果量は, 平均値の差を一方の群の標準偏差で割った

$$\delta_g = \frac{\mu_1 - \mu_2}{\sigma_g} \tag{3.38}$$

とします.

その事後分布は, 生成量

$$\delta_g^{(t)} = g(\mu_1^{(t)}, \mu_2^{(t)}, \sigma_2^{(t)}) = \frac{\mu_1^{(t)} - \mu_2^{(t)}}{\sigma_g^{(t)}} \tag{3.39}$$

によって近似できます ((3.15) 式に相当).

「研究仮説 $U_{\delta_g > c}$：効果量は c より大きい」が正しい確率は, 生成量

$$u_{\delta_g > c}^{(t)} = g(\mu_1^{(t)}, \mu_2^{(t)}, \sigma_2^{(t)}) = \begin{cases} 1 & \delta_g^{(t)} > c \\ 0 & \text{それ以外の場合} \end{cases} \tag{3.40}$$

の EAP で評価します ((3.16) 式に相当).

効果量の定義式の分母に，一方の群の標準偏差を利用するとはどういうことでしょうか．図 3.7 には，標準偏差の異なる 2 つの正規分布が示されています．ある臨床医検査の測定値に関して，健常群 (対照群に相当) は平均 0，標準偏差 1.0 の正規分布に従い，罹患群 (実験群に相当) は平均 1，標準偏差 0.5 の正規分布に従っていることを模しています．

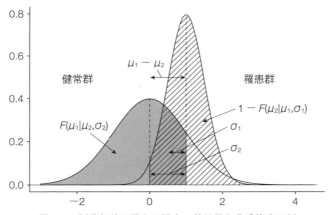

図 3.7　標準偏差が異なる場合の効果量と非重複度の例

(3.38) 式のように健常群の標準偏差 1.0 を分母に置くと，効果量は 1.0 になります．健常集団から見た罹患者の平均的な位置までは，自身の平均値な散らばりくらいの距離だということです．

罹患群の標準偏差 0.5 を分母に置くと，効果量は 2.0 になります．罹患集団から見た平均的な健常者は，自分たちの平均値な散らばりの 2 倍の距離の位置にいるということです．つまりどちらの立場から見るかによって，相手方の典型的な位置までの距離は異なり，これは現実的な感覚として納得できます．

● **3.8.2　非 重 複 度**

非重複度は，それぞれ

$$U_{31} = F(\mu_1|\mu_2, \sigma_2), \quad U_{32} = 1 - F(\mu_2|\mu_1, \sigma_1) \tag{3.41}$$

でした ((3.17) 式，(3.18) 式に相当).

その事後分布は，たとえば前者は，生成量

$$U_{31}^{(t)} = g(\mu_1^{(t)}, \mu_2^{(t)}, \sigma_2^{(t)}) = F(\mu_1^{(t)}|\mu_2^{(t)}, \sigma_2^{(t)}) \tag{3.42}$$

によって近似できます ((3.20) 式に相当).

「研究仮説 $U_{U_3>c}$：非重複度は c より大きい」が正しい確率は，生成量

$$u_{U_{31}>c}^{(t)} = g(\mu_1^{(t)}, \mu_2^{(t)}, \sigma_2^{(t)}) = \begin{cases} 1 & U_{31}^{(t)} > c \\ 0 & \text{それ以外の場合} \end{cases} \tag{3.43}$$

の EAP で評価します ((3.21) 式に相当).

(3.41) 式で示された重複度 $F(\mu_1|\mu_2, \sigma_2)$ は，図 3.7 の灰色で塗られた面積 0.8413 です．ここから 0.5 を引いて，「健常群から見ると，典型的な罹患者は，典型的な健常者の 34% 上方にいる」との解釈になります．

もう一方の重複度 $1 - F(\mu_2|\mu_1, \sigma_1)$ は，図 3.7 の斜線の入った面積 0.9772 です．この値から 0.5 を引いて，「罹患群から見ると，典型的な健常者は，典型的な罹患者の 48% 下方にいる」との解釈になります．2 つの群の標準偏差が異なる場合には，どちらの群から見るかによって非重複の解釈が異なります．

● **3.8.3 優　越　率**

標準偏差が異なる独立した 2 つの測定値の差は

$$x_1^* - x_2^* \sim N\left(\mu_1 - \mu_2, \sqrt{\sigma_1^2 + \sigma_2^2}\right) \tag{3.44}$$

にしたがうので，優越率は

$$\begin{aligned} \pi_d = p(x_1^* - x_2^* > 0) &= p\left(\frac{(x_1^* - x_2^*) - (\mu_1 - \mu_2)}{\sqrt{\sigma_1^2 + \sigma_2^2}} > \frac{0 - (\mu_1 - \mu_2)}{\sqrt{\sigma_1^2 + \sigma_2^2}}\right) \\ &= p\left(z < \frac{\mu_1 - \mu_2}{\sqrt{\sigma_1^2 + \sigma_2^2}}\right) \end{aligned} \tag{3.45}$$

と求まります ((3.23) 式に相当).

優越率の事後分布は，生成量

$$\pi_d^{(t)} = g(\mu_1^{(t)}, \mu_2^{(t)}, \sigma_1^{(t)}, \sigma_2^{(t)}) = F\left(\left.\frac{\mu_1^{(t)} - \mu_2^{(t)}}{\sqrt{\sigma_1^{2(t)} + \sigma_2^{2(t)}}} \right| \mu = 0, \sigma = 1\right) \tag{3.46}$$

によって近似できます ((3.24) 式に相当).

「研究仮説 $U_{\pi_d > c}$：優越率は c より大きい」が正しい確率 $p(p(x_1^* > x_2^*) > c)$ は，生成量

$$u_{\pi_d > c}^{(t)} = g(\mu_1^{(t)}, \mu_2^{(t)}, \sigma_1^{(t)}, \sigma_2^{(t)}) = \begin{cases} 1 & \pi_d^{(t)} > c \\ 0 & \text{それ以外の場合} \end{cases} \tag{3.47}$$

の EAP で評価します ((3.26) 式に相当).

● 3.8.4 閾 上 率

無作為に選んだ一方の群の測定値と，無作為に選んだ他方の群の測定値との差が基準点 c より大きくなる閾上率は

$$\pi_c = p(x_1^* - x_2^* > c) = p\left(\frac{(x_1^* - x_2^*) - (\mu_1 - \mu_2)}{\sqrt{\sigma_1^2 + \sigma_2^2}} > \frac{c - (\mu_1 - \mu_2)}{\sqrt{\sigma_1^2 + \sigma_2^2}}\right)$$
$$= p\left(z < \frac{\mu_1 - \mu_2 - c}{\sqrt{\sigma_1^2 + \sigma_2^2}}\right) \tag{3.48}$$

と求まります ((3.27) 式に相当).

閾上率 π_c の事後分布は生成量

$$\pi_c^{(t)} = g(\mu_1^{(t)}, \mu_2^{(t)}, \sigma_1^{(t)}, \sigma_2^{(t)}) = F\left(\left.\frac{\mu_1^{(t)} - \mu_2^{(t)} - c}{\sqrt{\sigma_1^{2(t)} + \sigma_2^{2(t)}}} \right| \mu = 0, \sigma = 1\right) \tag{3.49}$$

によって近似できます ((3.28) 式に相当).

「研究仮説 $U_{p(x_1^* - x_2^* > c) > c'}$：基準点 c の閾上率が基準確率 c' より大きい」が正しい確率 $p(p(x_1^* - x_2^* > c) > c')$ は，生成量

$$u_{p(x_1^* - x_2^* > c) > c'}^{(t)} = g(\mu_1^{(t)}, \mu_2^{(t)}, \sigma_1^{(t)}, \sigma_2^{(t)}) = \begin{cases} 1 & \pi_c^{(t)} > c' \\ 0 & \text{それ以外の場合} \end{cases} \tag{3.50}$$

の EAP で評価します ((3.30) 式に相当).

● 3.8.5 分　　　析

「数学教授法問題」に関して，標準偏差が異なる正規分布モデルによる推測を行います．さきと同様に μ_1 と μ_2 の事前分布は一様分布 $U(0, 100)$ とし，σ_1 と σ_2

の事前分布は一様分布 $U(0,50)$ にしたがうと仮定してベイズ分析を行いました.MCMC のパラメタも共通させて,乱数を発生させたところ,母数・生成量のすべてに関して有効標本数が多く,$\hat{R} < 1.1$ であり,事後分布・予測分布へ収束していると判定できました.

表 3.11 に,標準偏差が共通したモデル (EQU) と異なるモデル (DEF) での EAP 推定値を示しました.表 3.12 に EQU と DEF での研究仮説が正しい確率を示しました.表 3.2 から予想されたように,第 1 群と第 2 群の標準偏差の EAP は,それぞれ 9.6 と 12.2 であり,新教授法の群のほうが小さく推定されました.EQU の推定値 10.6 は,それらの間です.

表 3.11 EQU と DEF に関する EAP 推定値の比較 (生成量)

	EQU	DEF		EQU	DEF
μ_1	59.7(2.4)	59.7(2.2)	$\mu_1 - \mu_2$	9.2 (3.4)	9.2 (3.5)
μ_2	50.5(2.4)	50.5(2.8)	$\delta_1 = \mu_1 - \mu_2/\sigma_1$	0.886(0.344)	0.994(0.410)
σ_1	10.6(1.3)	9.6(1.7)	$\delta_2 = \mu_1 - \mu_2/\sigma_2$		0.779(0.318)
σ_2	10.6(1.3)	12.2(2.2)	$U_{31} = F(\mu_1|\mu_2,\sigma_2)$	0.800(0.090)	0.771(0.092)
x_1^*	59.7(10.9)	59.7(9.9)	$U_{32} = 1 - F(\mu_2|\mu_1,\sigma_1)$		0.821(0.099)
x_2^*	50.5(10.9)	50.6(12.7)	π_d	0.729(0.077)	0.721(0.077)
			$\pi_{3.0}$	0.660(0.082)	0.654(0.082)

表 3.12 EQU と DEF に関する EAP 推定値の比較 (研究仮説が正しい確率)

研究仮説	EQU	DEF	研究仮説	EQU	DEF
$U_{\mu_1-\mu_2>0}$	0.996	0.995	$U_{\delta_1>0.3}$	0.961	0.962
$U_{\mu_1-\mu_2>3}$	0.968	0.962	$U_{U_{31}>0.6}$	0.972	0.955
$U_{\mu_1-\mu_2>5}$	0.897	0.888	$U_{\pi_d>0.8}$	0.181	0.155
$U_{\mu_1-\mu_2>10}$	0.410	0.411	$U_{\pi_3>0.8}$	0.034	0.028

この相違の影響がはっきり出ているのが効果量と非重複度です.新教授法と旧教授法の効果量による相違は,EQU では偏差値換算で約 $9 \simeq 8.86$ です.それに対して,旧教授法の集団から見た新教授法の位置は,偏差値換算で約 $8 \simeq 7.79$ であり,EQU より若干引き寄せられています.それは旧教授法の散らばりが大きいからです.いっぽう分母に第 1 群の標準偏差を置いた効果量の EAP は 0.994 であり,新教授法の集団から見た旧教授法の位置は,偏差値換算で約 $10 \simeq 9.94$ 離れており,EQU より若干遠ざかります.

新教授法と旧教授法の非重複度による相違は,EQU では偏差値換算で約 30%($\simeq 0.8 - 0.5$) です.それに対して,旧教授法の集団から見た新教授法の位置は約

27%($\simeq 0.771 - 0.5$) 上方であり，新教授法の集団から見た旧教授法の位置は約 32%($\simeq 0.821 - 0.5$) 下方です．

● 3.8.6　モデル選択と WAIC

標準偏差は共通させた方がよいのでしょうか，異なる母数として推定したほうがよいのでしょうか．ここでは $\sigma_1 = \sigma_2$ を仮定したという意味で EQU を「制約のあるモデル」，DEF を「制約のないモデル」[*8)]と呼んで，一般的な考察をします．

分析結果から導かれる知見は「制約のないモデル」からのほうが子細なものになります．それに比べて「制約のあるモデル」からの知見は単純なものになります．では「制約のないモデル」のほうが「制約のあるモデル」より常によいのでしょうか．必ずしもそうとはいえません．

当該制約が適切である場合は，「制約のあるモデル」のほうが，母数の事後標準偏差が小さくなります．表 3.11 では σ_1 の post.sd は，EQU と DEF で，それぞれ 1.3, 1.7 です．σ_2 の post.sd は，EQU と DEF で，それぞれ 1.3, 2.2 です．DEF は不安定です．したがって，それに基づく「制約のないモデル」からの知見は不安定であり，「制約のあるモデル」からの知見は安定しているのかもしれません．

2 群の標準偏差が類似しているときには，事後標準偏差が小さくなりますし，結果の表示が簡潔になりますから，標準偏差が共通のモデルのほうが適しています．2 群の標準偏差が大きく異なるときには，きめ細かい解釈が可能になりますから標準偏差が異なるモデルのほうが適しています．

この問題に対処するための 1 つの方法として **情報量規準** (information criterion) を利用した **モデル選択** (model selection) があります．本書では MCMC 法と相性のよい **WAIC** (Widely Applicable Information Criterion, または Watanabe Akaike Information Criterion)[*9)]を利用します．

統計モデルの一般的な，そして重要な目的として将来のデータ x^* に対する予測力を挙げることができます．x^* の予測は，モデルからの知見が妥当で，子細

[*8)] 「制約のないモデル」のことを複雑なモデルとか一般モデルと呼ぶこともあります．それに対して「制約のあるモデル」のことを単純なモデルとか特殊モデルと呼ぶこともあります．

[*9)] S. Watanabe (2009) "*Algebraic Geometry and Statistical Learning Theory*" Cambridge University Press.

S. Watanabe (2010) Equations of states in singular statistical estimation, *Neural Networks*, **23**(1), 20–34.

で，安定しているときに高まります．その意味で「x^* の予測の程度」は統計モデルの「良さ」の適切な1つの指標となります．WAIC は「x^* の予測の程度」の指標であり，その値が小さなモデルを「良いモデル」と判定します．

表 3.13 に WAIC によるモデルの比較を示します．WAIC の値が小さいので標準偏差を共通させたモデル EQU を選択します．この場合は標準偏差を共通させて post.sd を小さくできたメリットのほうが，子細な知見が得られるメリットよりも，「x^* の予測」の観点では上回っていたと解釈します．

表 3.13 WAIC によるモデルの比較

	EQU	DEF
WAIC	303.01	304.14

本書の範囲を超えますが，統計学の勉強が進むと，現象を記述するためのモデルのバリエーションが増え，どれを最終的なプレゼンに残すかが悩ましい場合があります．情報量規準によるモデル選択は，候補となるモデルがいくつあっても，値の小さなモデルを「良いモデル」として選択するだけですから，機械的に実行できます．この性質はとても便利です．

ただし情報量規準が測定する「モデルの良さ」は，良さのものさしの1つであり，すべてではありません．もし WAIC で「制約のないモデル」が選択されたとしても，たとえば知見の子細さは，場合によっては煩雑さになる場合があります．

比較可能な全国学力試験を用い，6年生の学力が3年間に伸びたのか否かを，学校別に効果量を用いて考察することを想像してみましょう．学校が何千校もある場合には，DEF モデルの知見は子細というよりはむしろ煩雑になりかねません．モデル選択の結果によらず，1校1つの効果量で単純に解釈できる EQU モデルで統一したほうが「良い」場合もあります．

3.9 章末問題

健診問題：以下のデータは，疾患 A の罹患を判定するために組み合わせて利用されるある生体指標 B の測定値です．健常群50人，罹患群50人のデータには，どのような傾向があるでしょう．

健常群：　　33, 37, 59, 41, 42, 61, 46, 25, 32, 35, 55, 44, 45, 41, 33, 61, 46, 16, 48,

34, 27, 37, 28, 31, 32, 20, 50, 42, 26, 55, 45, 36, 51, 51, 50, 48, 47, 39, 36, 35, 32, 38, 25, 66, 54, 27, 35, 34, 49, 39

罹患群： 56, 55, 55, 62, 54, 63, 47, 58, 56, 56, 57, 52, 53, 50, 50, 57, 57, 55, 60, 65, 53, 43, 60, 51, 52, 60, 54, 49, 56, 54, 55, 57, 53, 58, 54, 57, 60, 57, 53, 61, 60, 58, 56, 52, 62, 52, 66, 63, 54, 50

1) 表 3.2 に登場する標本平均, 標本標準偏差, 標本分散, 標本四分位点を求め, 2 群の異同を考察しなさい.
2) 以下に関する **RQ.** を, 基準点も含めて自作し, 分析し, 考察しなさい. ただし計算は, DEF モデルによって行いなさい.

   RQ.1 第 1 群の平均値が第 2 群の平均値より高い確率.

   RQ.2 第 1 群と第 2 群の平均値の差の点推定. 平均値の差の区間推定.

   RQ.3 平均値の差の片側区間推定の下限・上限.

   RQ.4 平均値の差が基準点 c より大きい確率.

   RQ.5 効果量の点推定・区間推定・片側区間推定の下限・上限.

   RQ.6 効果量が基準点 c より大きい確率.

   RQ.7 非重複度の点推定・区間推定・片側区間推定の下限・上限.

   RQ.8 非重複度が基準点 c より大きい確率.

   RQ.9 優越率の点推定・区間推定・片側区間推定の下限・上限.

   RQ.10 優越率が基準確率 c より大きい確率.

   RQ.11 閾上率の点推定・区間推定・片側区間推定の下限・上限.

   RQ.12 閾上率が基準確率 c' より大きい確率.

4 対応ある2群の差と相関の推測

本章では，対応ある2群の平均値差などの推測の方法を論じます．この方法は，伝統的な統計学における対応ある **2群の t 検定** (paired sample t test) に対するオルタナティヴです．各群の標準偏差が必ずしも等しくない場合の方法も論じます．また相関係数の推論に関しても紹介します．

● 4.1 対応ある2群のデータ ●

以下の架空例の問題を利用して，対応ある **2群** (paired two groups) の差や相関関係の推測を具体的に考察しましょう．ここで対応があるとは，1つの観測対象から2回測定されているということです．

> ダイエット問題：期間1か月のあるダイエット法の効果を調べるために20名の女性に参加してもらいました．プログラム参加前の「before 体重」と，参加後の「after 体重」を表 4.1 に示します．このダイエット法による体重差や相関関係に関する推論をしてください．

表 4.1　ダイエットプログラム参加前後の体重 (kg)

before 体重	53.1, 51.5, 45.5, 55.5, 49.6, 50.1, 59.2, 54.7, 53.0, 48.6, 55.3, 52.6, 51.7, 48.6, 56.4, 42.9, 50.3, 42.4, 51.2, 39.1
after 体重	48.3, 45.2, 46.6, 56.6, 41.2, 44.6, 51.9, 55.5, 45.4, 47.6, 50.6, 54.5, 49.0, 43.9, 53.8, 40.1, 52.8, 35.3, 55.6, 38.0

前章では，新学習法の効果を調べるために，独立な2群の生徒による比較を行いました．ここでも同様に，プログラムを受けた群と何もしない群を用いてダイエット法の効果の比較を行うことが可能です．しかし無作為に2つの群に分けても，いや無作為に配分したがゆえに，たまたまどちらかの群に重たい被験者が集

まってしまう可能性があります．このような事態を避けるためには，対応ある2群の実験デザインが有効です．対応のさせ方は大別して2種類あります．

1つは，マッチング (matching) による方法です．プログラム参加前の体重が等しい2名を組にして，ランダムに2群に割り当てます．このような組をブロック (block) といい，ブロックが観測対象となります．実験群ではダイエットを実施し，対照群では通常通りの生活をします．マッチングすれば当該変数 (ここでは体重) に関しては等質な2つの群を作成することができます．

もう1つは，プリテスト・ポストテスト (pretest, posttest) による方法です．上述のように処遇の前後で同じ観測対象を測定します．この方法は，標本が偏る心配がないばかりでなく，処遇による直接的変化を観察できるという長所があります．

2つの変数を

$$\boldsymbol{x}_1 = (x_{11}, \cdots, x_{1i}, \cdots, x_{1n}) = (53.1, 51.5, \cdots, 51.2, 39.1) \quad (4.1)$$

$$\boldsymbol{x}_2 = (x_{21}, \cdots, x_{2i}, \cdots, x_{2n}) = (48.3, 45.2, \cdots, 55.6, 38.0) \quad (4.2)$$

としましょう．1番目の添え字 (1 or 2) で変数を表現します．ここでは1のときは「before 体重」，2のときは「after 体重」です．2番目の添え字第 i $(1, \cdots n)$ は観測対象を表現しています．n がデータ数です．ここでは $n = 20$ です．対応あるデータとは，たとえばダイエット前に $53.1\,\mathrm{kg}$ だった同じ人が，ダイエット後に $48.3\,\mathrm{kg}$ になったということです．

● **4.1.1 データの要約**

データの要約的記述をします．表4.2に平均値・分散・標準偏差・中央値・25%点・75%点を示します．平均と四分位は，いずれも「after 体重」のほうが軽くなっています．ただし四分位点に関しては，75%点，50%点，25%点の順に，だんだん差が大きくなっていきます．散布度は「after 体重」のほうが大きく個人差が広がっています．以上のことは図4.1の箱ひげ図からも観察されます．

「牛丼問題」や「数学教授法問題」の測定と，「ダイエット問題」の測定との一

表 4.2 「ダイエットデータ」の数値要約

統計量	平均	sd	分散	25%点	50%点	75%点
before 体重	50.6	4.9	24.2	48.6	51.4	53.9
after 体重	47.8	6.0	36.2	44.2	48.0	53.3

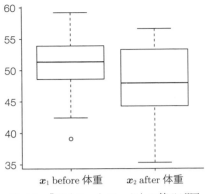

図 4.1 「ダイエットデータ」の箱ひげ図

番の相違点は1つの観測対象 (この場合は1人の女性) から2回の測定を行っていることでした．このような場合は図 4.2 に示したような散布図を描くことが有効です．**散布図** (scatter plot) とは，縦軸と横軸にそれぞれの変数の目盛を配し，観測対象を2次元平面上に付置した統計グラフです．

じつは図 1.4 や図 3.5 右図などで散布図は既出しています．図 1.4 は，乱数の添え字 t をブロックとみて，平均と標準偏差の事後分布を示した散布図でした．図 3.5 右図は，乱数の添え字 t ごとに予測分布を示した散布図でした．

図 4.2 の散布図には $y = x$ の補助線が引かれています．これによって，このダイエット法で痩せることができたのは補助線の下側の 14 人，逆に太ったのは補助線の上側の 6 人であることがわかります．

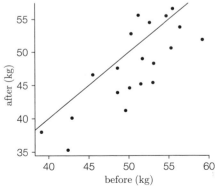

図 4.2 「ダイエットデータ」の散布図

● 4.1.2 共　　分　　散

「牛丼問題」や「数学教授法問題」のデータでは，分布の状態を数値要約するために代表値と散布度を求めました．「ダイエット問題」のような2変数のデータでは，代表値と散布度以外にどのような観点を数値要約すればよいのでしょうか．

図 4.2 を観察すると左下から右上に向かってデータが打点されていることに気が付きます．これは1か月のダイエットによって劇的に体重が変化するわけではなく，「before 体重」の影響が「after 体重」に残っているからと考えられます．このような左下から右上に向かって右上がりにデータが打点される2変数の関係を**正の相関関係** (positive correlation) といいます．逆に，左上から右下に向かって右下がりにデータが打点される2変数の関係を**負の相関関係** (negative correlation) といいます．図 3.5 右図のような，どちらの特徴もない (右上がりでも，右下がりでもない) 2変数の関係を**無相関** (no correlation) といいます．

相関関係を表現する要約統計量として共分散と相関係数があります．まず共分散から説明します．共分散を導出するためには，各測定値から平均値を引いた**平均偏差データ** (mean deviation data)

$$v_{1i} = x_{1i} - \bar{x}_1 = x_{1i} - \frac{1}{n}(x_{11} + \cdots + x_{1i} + \cdots + x_{1n}) \tag{4.3}$$

$$v_{2i} = x_{2i} - \bar{x}_2 = x_{2i} - \frac{1}{n}(x_{21} + \cdots + x_{2i} + \cdots + x_{2n}) \tag{4.4}$$

を計算します．平均偏差データは，必ず平均が 0 になります．標準偏差に変化はありません．「ダイエットデータ」の平均偏差データを表 4.3 に示します．たとえばこの表の中の最初のデータに関して，「before 体重」は $2.5 = 53.1 - 50.6$，「after 体重」は $0.5 = 48.3 - 47.8$ のように計算されています．

平均偏差データの積の平均値

$$s_{12} = \frac{1}{n}(v_{11} \times v_{21} + \cdots + v_{1i} \times v_{2i} + \cdots + v_{1n} \times v_{2n}) \tag{4.5}$$

が**共分散** (covariance) です．「ダイエットデータ」の共分散は

$$s_{12} = 23.3 = \frac{1}{20}(2.5 \times 0.5 + 0.9 \times (-2.6) + \cdots + (-11.5) \times (-9.8)) \tag{4.6}$$

表 4.3 「ダイエットデータ」の平均偏差データ

before 体重	2.5, 0.9, −5.1, 4.9, −1.0, −0.5, 8.6, 4.1, 2.4, −2.0, 4.7, 2.0, 1.1, −2.0, 5.8, −7.7, −0.3, −8.2, 0.6, −11.5
after 体重	0.5, −2.6, −1.2, 8.8, −6.6, −3.2, 4.1, 7.7, −2.4, −0.2, 2.8, 6.7, 1.2, −3.9, 6.0, −7.7, 5.0, −12.5, 7.8, −9.8

となりました．一般に共分散は，2変数に正の相関があるときには正の値を，負の相関があるときには負の値をとります．(4.6) 式の共分散は正の値ですから，「before 体重」と「after 体重」は正の相関関係にあることが示され，これは図 4.2 の目で見た特徴と一致します．

なぜ共分散は相関関係を示すことができるのでしょう．図 4.3 左図に，平均偏差データの散布図を示しました．ここでは縦軸と横軸が 0 のところに補助線をいれました．図 4.2 と図 4.3 左図は，相対的位置関係は同じであることを確認してください．第 1 象限には，縦軸も横軸も平均値以上の値のデータが打点されています．したがって第 1 象限のデータの平均偏差の積は正 (= 正 × 正) です．第 1 象限には 9 人のデータが打点されています．第 2 象限には，横軸は平均値以下，縦軸は平均値以上の値のデータが打点されています．したがって第 2 象限のデータの平均偏差の積は負 (= 負 × 正) です．第 2 象限には 1 人のデータしかありません．同様に考えると，第 3 象限の平均偏差データの積は正 (= 負 × 負) となります．第 3 象限には 8 人のデータが打点されています．第 4 象限の平均偏差データの積は負 (= 正 × 負) です．第 4 象限には 2 人のデータしかありません．

図 4.2 (あるいは図 4.3) のように，左下から右上に向かった形状の散布図は，一般的に第 1 象限と第 3 象限のデータが多くなります．「ダイエットデータ」では，平均偏差データの積が正になるデータは 17 人，負になるデータは 3 人です．このため平均偏差データの積の平均は正になりました．

逆に，左上から右下に向かった形状の散布図は，一般的に第 2 象限と第 4 象限のデータが多くなる傾向があります．その場合は平均偏差データの積の平均は負

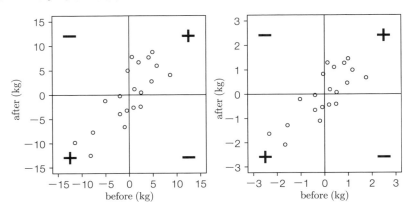

図 **4.3** 平均偏差データの散布図 (左) 標準化データの散布図 (右)

になります．図 3.5 右図のように 4 つの象限に，まんべんなくデータが打点される散布図では，打ち消し合って平均偏差データの積の平均は 0 に近くなります．これが共分散で相関関係を数値要約できる理由です．

しかし共分散には欠点があります．たとえば「ダイエットデータ」の共分散は 23.3 でした．これは正の相関関係が強いのでしょうか？弱いのでしょうか？この数値だけからはよくわかりません．たとえば「ダイエットデータ」を 1000 倍してグラム (g) の単位にします．変換後の g 表示のデータで共分散を計算すると 23300000 となります．このように共分散は測定単位に依存しますから，その大きさを直接的に相関関係の強さとして解釈することはできません．共分散は，相関関係の強弱を表現することが苦手です．

● 4.1.3 相 関 係 数

単位の変更は多くの場合に一次変換です．一次変換とは，定数を足し，0 以外の係数を掛ける変換です．正の係数を用いた一次変換に対して不変な相関関係の指標として相関係数があります．相関係数を導出するためには，まず平均偏差データを標準偏差で割った**標準化データ** (standardized data)

$$z_{1i} = v_{1i}/s_1 \quad (4.7)$$

$$z_{2i} = v_{2i}/s_2 \quad (4.8)$$

を計算します．標準化データは，必ず平均が 0，標準偏差が 1 になります．「ダイエットデータ」の標準化データを表 4.4 に示します．たとえばこの表の中の最初のデータに関して，「before 体重」は $0.5 = 2.5/4.9$，「after 体重」は $0.1 = 0.5/6.0$ のように計算されています．

標準化データの積の平均値 (掛け算記号は省略して)

$$r = \frac{1}{n}(z_{11}z_{21} + \cdots + z_{1i}z_{2i} + \cdots + z_{1n}z_{2n}) \quad (4.9)$$

が (標本) **相関係数** (correlation coefficient) です．「ダイエットデータ」の相関係

表 4.4 「ダイエットデータ」の標準化データ

before 体重	0.5, 0.2, −1.0, 1.0, −0.2, −0.1, 1.8, 0.8, 0.5, −0.4, 1.0, 0.4, 0.2, −0.4, 1.2, −1.6, −0.1, −1.7, 0.1, −2.3
after 体重	0.1, −0.4, −0.2, 1.5, −1.1, −0.5, 0.7, 1.3, −0.4, 0.0, 0.5, 1.2, 0.2, −0.7, 1.0, −1.3, 0.8, −2.1, 1.3, −1.6

数は

$$r = 0.79 = \frac{1}{20}(0.5 \times 0.1 + 0.2 \times (-0.4) + \cdots + (-2.3) \times (-1.6)) \quad (4.10)$$

となりました．相関係数は，測定値に正の値を掛けても，定数を加えても変化しません．また相関係数は $[-1, +1]$ の区間に収まりますので，解釈も容易です．

図 4.4 に相関係数とその典型的な散布図を示します．$r = 1.0$ または -1.0 の場合は，データが完全に直線上に乗ります．絶対値が大きくなるにしたがって細くなり，絶対値が小さくなるにしたがって丸くなるようすが示されています．実際には，こんなにきれいな散布図が観察されることはまれなのですが，図 4.4 で相関係数と散布図の大まかな対応関係のイメージを作ってください．

● **4.1.4 相関係数の範囲**

相関係数は $[-1, +1]$ の区間に収まると上述しました．そのことを確かめます．まず補助的な指標として，2つの標準化データの差

$$y_i = z_{1i} - z_{2i} \quad (4.11)$$

を考えます．具体的には i 番目の女性の「before 体重」と「after 体重」の標準化データの差です．この値 y_i の2乗の平均 $\overline{y^2}$ を展開すると

$$\begin{aligned}
\overline{y^2} &= \frac{1}{n}(y_1^2 + y_2^2 + \cdots + y_i^2 + \cdots + y_n^2) \\
&\quad [(a-b)^2 = a^2 + b^2 - 2ab \text{ という恒等式を使い}] \\
&= \frac{1}{n}(z_{11}^2 + \cdots + z_{1i}^2 + \cdots + z_{1n}^2) + \frac{1}{n}(z_{21}^2 + \cdots + z_{2i}^2 + \cdots + z_{2n}^2) \\
&\quad - \frac{2}{n}(z_{11}z_{21} + \cdots + z_{1i}z_{2i} + \cdots + z_{1n}z_{2n}) \quad (4.12)
\end{aligned}$$

$\left[\begin{array}{l}\text{標準化データの平均は 0 なので第 1 項，第 2 項はその分散です．標準化デー} \\ \text{タの分散は 1 です．第 3 項は (4.9) 式の }-2\text{ 倍です．}\end{array}\right]$

$$= 1 + 1 - 2r \geq 0 \quad (4.13)$$

となります．最左辺は2乗の平均なので，それが0以上であることを最後の不等式は示しています．不等式を解くと $1 \geq r$ となります．同様にして2つの標準化データの和の2乗の平均を展開すると，(4.12) 式の第3項の符号が+になるので，$r \geq -1$ となります．以上のことから，2つの制約を満たす相関係数の区間として

$$-1 \leq r \leq 1 \quad (4.14)$$

が導かれます．

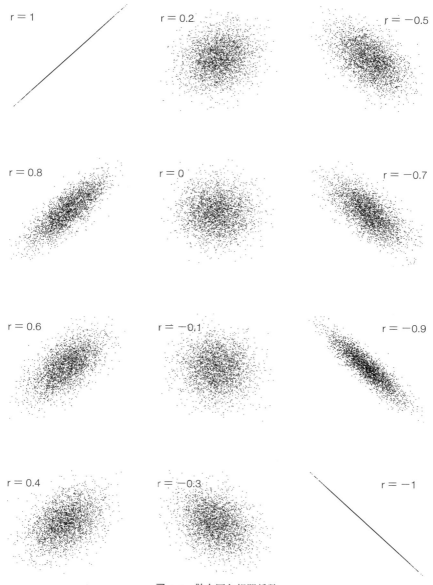

図 4.4 散布図と相関係数

4.2　2変量正規分布

　散布図はデータ分布のようすを素直に表現しています．しかし，第 1 章で学んだ 1 変量のときにもそうでしたが，データ分布は n の増加に伴って，次第に複雑になります．第 1 章では，そのような欠点を克服するために正規分布と一様分布という 2 つの理論分布を学習しました．

　2 変量の学習でも同様に理論分布を利用します．それは 2 変量正規分布です．**2 変量正規分布** (bivariate normal distribution) の密度関数は

$$f(x_1, x_2 | \mu_1, \mu_2, \sigma_1, \sigma_2, \rho) = \frac{1}{2\pi\sigma_1\sigma_2\sqrt{1-\rho^2}} \times$$

$$\exp\left[\frac{-1}{2(1-\rho^2)}\left\{\left(\frac{x_1-\mu_1}{\sigma_1}\right)^2 - 2\rho\left(\frac{x_1-\mu_1}{\sigma_1}\right)\left(\frac{x_2-\mu_2}{\sigma_2}\right) + \left(\frac{x_2-\mu_2}{\sigma_2}\right)^2\right\}\right] \tag{4.15}$$

と表されます．μ_1 と μ_2 はそれぞれ x_1 と x_2 の平均，σ_1 と σ_2 はそれぞれ x_1 と x_2 の標準偏差です．そして ρ が相関であり，r に対応します．ちなみに，データの分布では

$$s_{12} = s_1 s_2 r, \qquad r = \frac{s_{12}}{s_1 s_2} \tag{4.16}$$

であることが知られています．それに対応し，2 変量正規分布の共分散と相関には

$$\sigma_{12} = \sigma_1 \sigma_2 \rho, \qquad \rho = \frac{\sigma_{12}}{\sigma_1 \sigma_2} \tag{4.17}$$

の関係があります．

　$\mu_1 = 0$, $\mu_2 = 0$, $\sigma_1 = 1$, $\sigma_2 = 1$ のとき，特に**標準 2 変量正規分布** (standard bivariate normal distribution) といいます．図 4.2 に対応させ，$r = 0.79$ に近い $\rho = 0.8$ の場合の標準 2 変量正規分布の 3 次元グラフを図 4.5 に示します．

　図 4.6 に，標準 2 変量正規分布の密度関数の等高線を，ρ を変化させながら示します．$\rho = 1.0$ または -1.0 の場合は，1 変数の標準正規分布となり，上から見ているので直線になってしまいます．絶対値が大きくなるにしたがって細く，小さくなるにしたがって丸くなるようすが示されており，図 4.4 の r と対応させて配置していますので，見比べて対応関係のイメージを作ってください．

4.2 2変量正規分布　　　　　　　　　　　　　　　　　　　95

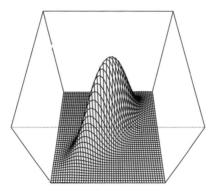

図 4.5　2 変量正規分布 ($\rho = 0.8$)

● **4.2.1　標準偏差が共通した 2 変量正規分布モデル**

第 3 章で学んだように，標準偏差が共通していると 2 群の比較に関して便利なので，まずは (4.15) 式に $\sigma = \sigma_1 = \sigma_2$ を仮定した 2 変量正規分布モデルを導出します．

母数とデータは，それぞれ

$$\boldsymbol{\theta} = (\mu_1, \mu_2, \sigma, \rho), \quad \boldsymbol{x} = (\boldsymbol{x}_1, \boldsymbol{x}_2) \tag{4.18}$$

です．各女性の体重が互いに影響し合わないとすると，(1.31) 式に相当する尤度は

$$\begin{aligned} f(\boldsymbol{x}|\boldsymbol{\theta}) &= f(\boldsymbol{x}_1, \boldsymbol{x}_2 | \mu_1, \mu_2, \sigma, \rho) \\ &= f(x_{11}, x_{21} | \mu_1, \mu_2, \sigma, \rho) \times \cdots \times f(x_{1n}, x_{2n} | \mu_1, \mu_2, \sigma, \rho) \end{aligned} \tag{4.19}$$

となります．密度関数は $\sigma = \sigma_1 = \sigma_2$ と制約した 2 変量正規分布です．

(1.33) 式に相当する同時事前分布を，

$$f(\boldsymbol{\theta}) = f(\mu_1, \mu_2, \sigma, \rho) = f(\mu_1) f(\mu_2) f(\sigma) f(\rho) \tag{4.20}$$

とします．初登場の相関の事前分布は $\rho \sim U(0,1)$ とします．以上から (1.36) 式に相当する事後分布は，

$$f(\boldsymbol{\theta}|\boldsymbol{x}) = f(\mu_1, \mu_2, \sigma, \rho | \boldsymbol{x}_1, \boldsymbol{x}_2) \propto f(\boldsymbol{x}_1, \boldsymbol{x}_2 | \mu_1, \mu_2, \sigma, \rho) f(\mu_1, \mu_2, \sigma, \rho) \tag{4.21}$$

と導かれます．MCMC によって，母数の事後分布・生成量の事後分布・予測分布にしたがう乱数を発生させます．

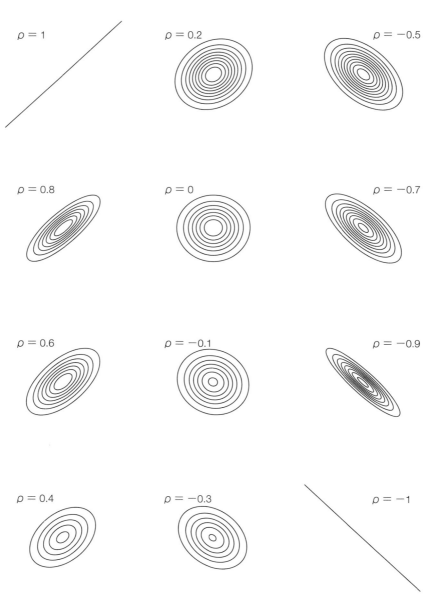

図 4.6 2変量正規分布の密度関数の等高線

● 4.2.2 研究上の問いI

2つの群の差異を考察[*1]するときには，(1) 独立した2群の群間差，(2) 対応ある2群の群間差，(3) 対応ある2群の個人内差，という3つの視点が重要となります．(1)の視点による考察は第3章ですでに行っています．ここでは **RQ.1** から **RQ.12** の例を利用して，(2)の視点による考察を行います．(2)と(3)は対応ある実験データで考察を行います．

RQ.1 第1群の平均値 μ_1 が第2群の平均値 μ_2 より高い確率．(ex.「参加後体重」の母平均が「参加前体重」の母平均より軽い確率はどれほどでしょう．)

RQ.2 第1群と第2群の平均値の差 $\mu_1 - \mu_2$ の点推定．平均値の差の区間推定．(ex. ダイエットプログラムに参加した人と参加前の人では平均値に何 kg の差がありますか．またその減量はどの程度の幅で確信できるでしょう．95%の確信で答えてください．)

RQ.3 平均値の差 $\mu_1 - \mu_2$ の片側区間推定の下限・上限．(ex. ダイエットプログラムに参加した人と参加前の人では少なくともどれだけ体重差があるでしょう．あるいはどの程度の体重差しか高々見込めないでしょう．95%の確信で答えてください．)

RQ.4 平均値の差が基準点 c より大きい確率．(ex. ダイエットプログラムは有料だし，参加すると辛いこともあるので，痩せても少しではペイしません．たとえばダイエットプログラムに参加した人と参加前の人の平均値差 $\mu_1 - \mu_2$ が 2 kg より大きい確率が 70% より大きいならば参加したいです．参加すべきでしょうか，あるいは見送るべきでしょうか．)

RQ.5 効果量 δ の点推定・区間推定・片側区間推定の下限・上限．(ex. 関取にとっての 5 kg のダイエットは，ファッションモデルの 3 kg の減量より，たぶん容易でしょう．そこで絶対的な体重差ではなく，参加者が属している集団の平均的な体重のバラツキと比較して，平均的減量がその何割に相当するかでダイエット法の効果を評価します．またその相対的体重差はどの程度の幅で確信すればよいのでしょう．少なく見積もって，最低どの程度の相対的

[*1] 「ダイエット問題」における視点の違いを説明します．(1)はプログラムに参加しなかった人たちの群と，参加した別の人たちの群との集団としての差異に関心があります．(2)は参加前の群と，同一の人たちから構成される参加後の群との集団としての差異に関心があります．実験デザインの相違ばかりでなく数理的な側面からも，たとえば平均値の差の事後分布が (1) と (2) では異なりますから，生成量の事後分布も異なります．(3) の視点による考察は後述します．

減量が見込まれるでしょう．逆に多めに見積もっても，どの程度の相対的減量しか見込めないでしょう．この **RQ.** を含め，以下 95% の確信で答えてください．)

RQ.6 効果量 δ が基準点 c より大きい確率．(ex. 関心ある集団の平均的な体重のバラツキと比較して 3 割を超える減量が見込まれる確率が 80% より大きいならば参加したいです．参加すべきでしょうか，あるいは見送るべきでしょうか．)

RQ.7 非重複度 U_3 の点推定・区間推定・片側区間推定の下限・上限．(ex. このダイエットプログラムに参加した平均的な体重の女性は，参加をする前の集団において軽いほうから何% の体重 $(1-U_3)$ なのでしょうか？　少なくとも，あるいは高々，軽いほうから何% の体重なのでしょうか．逆に，何% の参加前の人より軽いのでしょう．ここでは $1-U_3$ を利用して考察してみましょう．)

RQ.8 非重複度 U_3 が基準点 c より大きい確率．(ex. このダイエットプログラムに参加した平均的な体重の女性は，参加をする前の集団において，全体の 10% より多くの女性を追い抜いて，軽いほうから 40% 未満に入る (つまり $U_3 > 0.6$ の) 確率が 90% より大きいなら，参加費の高いこのダイエットプログラムに参加したいです．私はどう判断したらよいでしょう．)

RQ.9 優越率 π_d の点推定・区間推定・片側区間推定の下限・上限．(ex. 平均的な体重の女性に限定せず，無作為に選ばれたダイエットプログラム参加者が，無作為に選ばれた参加前の人より体重が軽い確率はどれほどでしょう．50% より大きければ大きいほど嬉しいのですが，その確率は高々 (あるいは少なくとも) どれほどでしょう．)

RQ.10 優越率 π_d が基準確率 c より大きい確率．(ex. 無作為に選ばれたダイエットプログラム参加者が，無作為に選ばれた参加前の人より体重が軽くなる確率が 70% より大きいという目標値が定められています．この確率的目標が正しいメタ確率はどれほどでしょう．)

RQ.11 閾上率 π_c の点推定・区間推定・片側区間推定の下限・上限．(ex. 無作為に選ばれたダイエットプログラム参加者が，無作為に選ばれた参加前の人より 1 kg より軽い確率はどれほどでしょう．)

RQ.12 閾上率 π_c が基準確率 c' を上回る確率．(ex. 無作為に選ばれたダイエットプログラム参加者が，無作為に選ばれた参加前の人より 1 kg より軽く

なる確率が70%より大きいという目標値が定められています．この確率的目標が正しいメタ確率はどれほどでしょう．)

● 4.2.3　分　　析　　I

前出の「ダイエット問題」を例にとり，対応ある2群の差の推測を行います．

データ生成分布として2変量正規分布を仮定します．体重(kg)は正の領域で定義され，目視で平均は100 kgを超えない確信があったので，母平均μ_1とμ_2の事前分布は一様分布$U(0,100)$としました．同様に目視によって平均体重からの平均的な散らばりは50 kg未満であることが確信できたので，母標準偏差σの事前分布は一様分布$U(0,50)$にしたがうと仮定しました．ここまでは「数学教授法問題」と一致していますが，偶然です．相関ρに関しては，皆目見当がつかないので，数学的に定義される区間の一様分布$U(-1,1)$を事前分布とします．

MCMCの実行に際しては長さ21000のチェインを5つ発生させ，バーンイン期間を1000とし，HMC法によって得られた100000個の乱数で事後分布・予測分布を近似しました．表4.5の右部分に有効標本数と$\hat{R}$を示します．母数・生成量のすべてに関して有効標本数が多く，$\hat{R}<1.1$であり，事後分布・予測分布へ収束していると判定できます．

表4.5の左部分に事後分布と予測分布の数値要約を示し，表4.6に生成量の事後分布の数値要約を示しました．また，表4.7に研究仮説が正しい確率を示しま

表 4.5　母数の事後分布と予測分布の数値要約

	EAP	post.sd	2.5%	5%	50%	95%	97.5%	n_{eff}	$\hat{R}$
μ_1	50.6	1.3	48.0	48.4	50.6	52.7	53.2	39679	1.0
μ_2	47.8	1.3	45.2	45.7	47.8	50.0	50.4	39593	1.0
σ	5.8	0.9	4.5	4.6	5.7	7.4	7.9	40312	1.0
ρ	0.73	0.11	0.46	0.52	0.75	0.87	0.89	40982	1.0
x_1^*	50.6	6.1	38.6	40.7	50.5	60.5	62.5	90807	1.0
x_2^*	47.8	6.1	35.8	37.9	47.8	57.8	59.8	91291	1.0

表 4.6　生成量の事後分布の数値要約

	EAP	post.sd	2.5%	5%	50%	95%	97.5%
$\mu_1-\mu_2$	2.74	0.94	0.89	1.21	2.74	4.29	4.62
δ	0.480	0.178	0.149	0.201	0.473	0.782	0.849
$1-U_3$	0.318	0.062	0.198	0.217	0.318	0.420	0.441
π_d	0.632	0.047	0.542	0.556	0.631	0.710	0.726
$\pi_{1.0}$	0.585	0.046	0.495	0.510	0.584	0.662	0.679

表 4.7 研究仮説が正しい確率 I

$U_{\mu_1-\mu_2>0}$	0.997	$U_{\delta>0.3}$	0.852	$U_{\pi_d>0.7}$	0.074
$U_{\mu_1-\mu_2>2}$	0.794	$U_{U_3>0.6}$	0.908	$U_{\pi_1>0.7}$	0.009

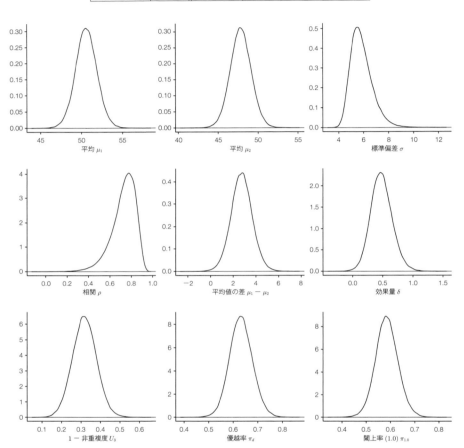

図 4.7 2変量正規分布モデルの事後分布 I (ρ を使用しない分布)

した. 2変量正規分布モデルの各種の事後分布を図 4.7 に示しました.

予測分布を図 4.8 に示しました. 予測分布は 2 変量正規分布のように見えますが, $\boldsymbol{\theta}$ が分布していますから, 正確には 2 変量正規分布ではありません. 散布図には $y = x$ の補助線がひかれています. このダイエット法で痩せることができるのは補助線の下側の確率ということになります.

RQ.1 への回答 表 4.7 より, 「参加後体重」の母平均 μ_2 が「参加前体重」の

4.2 2変量正規分布

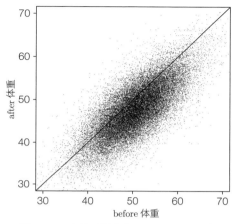

図 4.8 2変量正規分布モデルの予測分布

母平均 μ_1 より軽い確率は 99.7%と評価されます．ほぼ確実です．

RQ.2 への回答 表 4.6 中の $\mu_1 - \mu_2$ の事後分布より，ダイエットプログラムに参加した人と参加前の人では平均値に 2.7 kg の差があります．post.sd は，0.94 kg であり，95%確信区間は [0.89, 4.62] です．

RQ.3 への回答 少なくとも 1.21 kg，高々 4.29 kg です．

RQ.4 への回答 表 4.7 より，ダイエットプログラムに参加した人と参加前の人の平均値差 $\mu_1 - \mu_2$ が 2 kg より大きい確率は 79.4%です．70%より大きいですから参加すべきです．

RQ.5 への回答 表 4.6 中の δ の事後分布より，効果量の点推定値は 0.48 であり，post.sd は 0.178 であり，確信区間は [0.149, 0.849] でした．少なくとも 0.201，高々 0.782 と評価されます．今後これを，「推定値は 0.48(0.178)[0.149, 0.849] です．」などと表記する場合があります．

RQ.6 への回答 表 4.7 より，効果量が 0.3 より大きい確率は 85.2%です．80%より大きいですから，参加すべきでしょう．

RQ.7 への回答 表 4.6 中の $1 - U_3$ の事後分布より，推定値は 0.318(0.062) [0.198, 0.441] です．このダイエットプログラムに参加した平均的な体重の女性は参加する前の集団において軽いほうから 31.8%の位置にいます．少なくとも軽いほうから 42.0%，楽観的に評価すると軽いほうから 21.7%の位置です．参加前の人より 18.2% (= 50 − 31.8) 軽い位置にいるともいえます．

RQ.8 への回答　表 4.7 より，このダイエットプログラムに参加した平均的な体重の女性が，参加する前の集団において，全体の 10% より多くの女性を追い抜いて，軽いほうから 40% 未満に入る確率は，90.8% です．90% より大きいですから，参加してください．

RQ.9 への回答　表 4.6 中の π_d の事後分布より，推定値は 0.632(0.47)[0.542, 0.726] です．無作為に選ばれたダイエットプログラム参加者が，無作為に選ばれた参加前の人より体重が軽い確率は 63.2% です．その確率は高々 71.0%，少なくとも 55.6% です．

RQ.10 への回答　表 4.7 より，「無作為に選ばれたダイエットプログラム参加者が，無作為に選ばれた参加前の人より体重が軽くなる確率が 70% より大きい」という研究仮説が正しい確率は 7.4% です．正しいとはいえません．

RQ.11 への回答　表 4.6 中の $\pi_{1.0}$ の事後分布より，推定値は 0.585(0.046)[0.495, 0.679] です．無作為に選ばれたダイエットプログラム参加者が，無作為に選ばれた参加前の人より 1 kg より軽い確率は，58.5% です．

RQ.12 への回答　表 4.7 より，「無作為に選ばれたダイエットプログラム参加者が，無作為に選ばれた参加前の人より体重が 1 kg より軽くなる確率が 70% より大きい」という研究仮説が正しい確率は 0.9% です．正しくないと判断すべきです．

4.3　相関を考慮した個人内変化の分析

さきに，2 つの群の差異を考察するときには 3 つの視点があると解説しました．(1) と (2) (3) を比較すると，実験デザインの違いという明確な相違点があります．しかし (2) と (3) の相違は対応ある実験デザインの同じデータに対する視点の相違です．このため両者はより注意深く区別する必要があります．たとえば優越率を使って (2) と (3) の違いを例示しましょう．「before 体重」の平均が 50 kg，「after 体重」の平均が 49 kg とします．標準偏差はともに 5 kg，相関係数は 0.99 とします．(2) の視点では「でたらめに選んだ参加前の人よりも，でたらめに選んだ参加後の人の体重が軽くなる確率」です．この確率は 55.6% です．五分五分よりほんの少し高い値です．このダイエット法は無意味なのでしょうか？　では (3) の視点ではどうでしょう．(3) の視点では「でたらめに選んだ参加前の人を追

4.3 相関を考慮した個人内変化の分析   103

いかけ，その人が参加後に体重が軽くなる確率」となります (これは後に差得点の優越率と呼び定義します). この確率は 92.1%です. なんと 9 割以上の確率でダイエットできます. このような相違が他の指標にもあります. (2) 対応ある 2 群の群間差と，(3) 対応ある 2 群の個人内差は共に重要で，しかも相当に異なった研究視点です. それを以下にみていきましょう.

● 4.3.1　研究上の問い II

RQ.13　差得点の標準偏差の点推定・区間推定・片側区間推定の下限・上限. (ex. プログラムの減量効果の点推定値が 2.74 kg であることはわかりました. しかしダイエットの効果は人によって異なります. じゅうぶん痩せる人もいれば，逆に太る人もいるかもしれません. 平均的な減量効果の周りで，参加者はどの程度散らばっているのでしょうか.)

RQ.14　差得点の標準偏差が基準点 c より大きい確率. (ex. 平均的な減量効果 2.74 kg の周りでの散らばりが 3 kg 未満である確率が 80%より大きいなら参加したいのですが，どうしたらいいでしょうか. 太ってしまうかもしれないし，あまり不確実性が高いのは嫌です.)

RQ.15　差得点の効果量 δ' の点推定・区間推定・片側区間推定の下限・上限. (ex. 減量の平均値に比べて結果の散らばりが小さければ，プログラムの効果を確実に期待 (信頼) できます. 平均的な減量は，体重変化の平均的散らばりの何割くらいでしょうか？ またその比は，どの程度の幅で確信できるでしょう.)

RQ.16　差得点の効果量 δ' が基準点 c より大きい確率. (ex. 減量の平均値が，体重変化の平均的散らばりの 30%より大きい確率が 80%より大きいなら参加したいのですが，どうしたらいいでしょうか.)

RQ.17　差得点の優越率 π'_d の点推定・区間推定・片側区間推定の下限・上限. (ex. プログラムに参加する私の減量が 0 kg より大きい確率はどれほどでしょう. 言い換えるならばダイエットプログラムに参加して体重が減る確率はどれくらいですか？ またその確率はどれほど確信できるでしょう.)

RQ.18　差得点の優越率 π'_d が基準確率 c より大きい確率. (ex. ダイエットプログラムを受けた 80%より多い参加者の体重が減る確率が 90%より大きいなら参加したいのですが，どうしたらいいでしょうか.)

RQ.19　差得点の閾上率 π'_c の点推定・区間推定・片側区間推定の下限・上限.

(ex. ダイエットの効果があるといっても，有料ですし，つらいこともありますから，その効果が 500 g とか 1 kg ではやはり嫌です．私は 2 kg より大きいならいいんです．でも友達が，友達ですよ．4 kg より大きくないとダメって言うんです．その確率はどれほどでしょうか．)

RQ.20 差得点の閾上率 π'_c が基準確率 c' より大きい確率．(ex.「3 kg を上回ってダイエットに成功できる確率は 50% より大きい！」という宣伝コピーに 80% より大きい確信を持てるのなら参加したいです．この宣伝コピーを私は信用してもいいのでしょうか．)

RQ.21 相関の点推定・区間推定・片側区間推定の下限・上限．(ex.「before 体重」と「after 体重」の相関はどれほどでしょう．またその相関はどれほど確信できるでしょう．)

RQ.22 相関が基準点より大きい (小さい) 確率．ある範囲にある確率．(ex.「before 体重」と「after 体重」の相関が，あまりに低かったり，負の相関では不安で参加できません．かといって高すぎると，伸びシロがなくてつまりません．ある程度結果が保証されていて，頑張った分のびしろがあったほうが嬉しいです．相関が 0.6 より大きく 0.8 未満であると望ましいのですが，この確率はどれほどでしょうか．)

RQ.23 同順率の点推定・区間推定・片側区間推定の下限・上限．(ex. 女友達と二人でプログラムに参加することを検討しています．しかし「before 体重」の順番と「after 体重」の順番が入れ替わるのは嫌です．入れ替わってしまうと「追い越された！ 悔しい！」ということで，女の友情にひびが入る恐れがあるからです．順番が入れ替わらない確率はどれほどでしょう．またその確率はどれほど確信できるでしょう．)

RQ.24 同順率が基準確率 c より大きい (小さい) 確率．(ex. 順番が入れ替わらない確率は，わたしにとって友情にひびが入らない確率です．それが 80% より大きければ，参加したいのですが，私はどうしたらいいでしょうか．)

● 4.3.2 相関のある差得点の標準偏差

2 つの標準偏差が等しい $\sigma = \sigma_1 = \sigma_2$ と仮定するとき，特定の観測対象 i の 2 つの変数の差得点は

$$x^*_{1i} - x^*_{2i} \sim N\left(\mu_1 - \mu_2,\ \sigma\sqrt{2(1-\rho)}\right) \tag{4.22}$$

の正規分布にしたがいます.

差得点の標準偏差 $\sigma' = \sigma\sqrt{2(1-\rho)}$ の事後分布は,生成量

$$\sigma'^{(t)} = \sigma^{(t)}\sqrt{2(1-\rho^{(t)})} \tag{4.23}$$

によって近似できます.近似された事後分布を要約して,点推定値, post.sd, %点,確信区間,片側上限,片側下限の点を評価します (**RQ.13**).

基準点 c を定め「研究仮説 $U_{\sigma'<c}$: 差得点の標準偏差 σ' は c より小さい」が正しい確率は,生成量

$$u_{\sigma'<c}^{(t)} = \begin{cases} 1 & \sigma'^{(t)} < c \\ 0 & \text{それ以外の場合} \end{cases} \tag{4.24}$$

の EAP で評価します (**RQ.14**).

● **4.3.3 差得点の効果量**

対応がある場合の効果量は,前章で定義した効果量 δ に加えて

$$\delta' = \frac{\mu_1 - \mu_2}{\sigma'} = \frac{\mu_1 - \mu_2}{\sigma\sqrt{2(1-\rho)}} \tag{4.25}$$

のように,平均値の差を差得点の標準偏差で割った効果量 δ' を考察することが有用です.

つまり平均値差は,変化の平均的散らばりの何倍かという指標です.その事後分布は,生成量

$$\delta'^{(t)} = \frac{\mu_1^{(t)} - \mu_2^{(t)}}{\sigma'^{(t)}} = \frac{\mu_1^{(t)} - \mu_2^{(t)}}{\sigma^{(t)}\sqrt{2(1-\rho^{(t)})}} \tag{4.26}$$

によって近似できます.近似された事後分布を要約して,点推定値, post.sd, %点,確信区間,片側上限,片側下限の点を評価します (**RQ.15**).

基準点 c を定め「研究仮説 $U_{\delta'>c}$: 効果量 δ' は c より大きい」が正しい確率は,生成量

$$u_{\delta'>c}^{(t)} = \begin{cases} 1 & \delta'^{(t)} > c \\ 0 & \text{それ以外の場合} \end{cases} \tag{4.27}$$

の EAP で評価します (**RQ.16**).

4.3.4　差得点の優越率

対応がある場合の優越率は，前章で定義した優越率 π_d に加えて

$$\pi'_d = p(x^*_{1i} - x^*_{2i} > 0) = p\left(\frac{(x^*_{1i} - x^*_{2i}) - (\mu_1 - \mu_2)}{\sigma_i} > \frac{0 - (\mu_1 - \mu_2)}{\sigma_i}\right)$$

$$= p\left(z > \frac{-(\mu_1 - \mu_2)}{\sigma_i}\right) = p\left(z < \frac{\mu_1 - \mu_2}{\sigma_i}\right) = p\left(z < \frac{\mu_1 - \mu_2}{\sigma\sqrt{2(1-\rho)}}\right) \tag{4.28}$$

のように，個人の減量が 0 kg より大きい確率を評価できます．これは「ダイエットプログラムを受けた本人が軽くなる確率」です．

その事後分布は，生成量

$$\pi'^{(t)}_d = F\left(\left.\frac{\mu_1^{(t)} - \mu_2^{(t)}}{\sigma'^{(t)}}\right| 0,\ 1\right) = F\left(\left.\frac{\mu_1^{(t)} - \mu_2^{(t)}}{\sigma^{(t)}\sqrt{2(1-\rho^{(t)})}}\right| 0,\ 1\right) \tag{4.29}$$

によって近似できます．近似された事後分布を要約して，点推定値, post.sd, %点, 確信区間，片側上限，片側下限の点を評価します (**RQ.17**)．

優越率 π'_d が基準点より大きい (小さい) 確率を求めることができます．
「研究仮説 $U_{\pi'_d > c}: \pi'_d$ は c より大きい」
が正しい確率は，生成量

$$u^{(t)}_{\pi'_d > c} = \begin{cases} 1 & \pi'^{(t)}_d > c \\ 0 & \text{それ以外の場合} \end{cases} \tag{4.30}$$

の EAP で評価します (**RQ.18**).

4.3.5　差得点の閾上率

対応があるデータの場合は，ダイエットプログラムを受けた参加者本人に，基準点より大きい測定値の差が観測される確率を調べることができます．

個人の変化が c より大きい閾上率は

$$\pi'_c = p(x^*_{1i} - x^*_{2i} > c)$$

$$= p\left(z < \frac{\mu_1 - \mu_2 - c}{\sigma'}\right) = p\left(z < \frac{\mu_1 - \mu_2 - c}{\sigma\sqrt{2(1-\rho)}}\right) \tag{4.31}$$

です．

閾上率 π'_c の事後分布は生成量

$$\pi'^{(t)}_c = F\left(\left.\frac{\mu_1^{(t)} - \mu_2^{(t)} - c}{\sigma'^{(t)}}\right| 0,\ 1\right) = F\left(\left.\frac{\mu_1^{(t)} - \mu_2^{(t)} - c}{\sigma^{(t)}\sqrt{2(1-\rho^{(t)})}}\right| 0,\ 1\right) \quad (4.32)$$

によって近似できます．近似された事後分布を要約して，点推定値，post.sd，％点，確信区間，片側上限，片側下限の点を評価します（**RQ.19**）．

基準点 c より大きい測定値の差が観測される確率が，別の基準確率 c' より大きいメタ確率を求めることができます．

「研究仮説 $U_{p(x^*_{1i} - x^*_{2i} > c) > c'}$：差得点の閾上率 π'_c は基準確率 c' より大きい」
が正しい確率 $p(p(x^*_{1i} - x^*_{2i} > c) > c')$ は，生成量

$$u^{(t)}_{p(x^*_{1i} - x^*_{2i} > c) > c'} = \begin{cases} 1 & \pi'^{(t)}_c > c' \\ 0 & \text{それ以外の場合} \end{cases} \quad (4.33)$$

の EAP で評価します（**RQ.20**）．

● 4.3.6 相　　　関

相関 ρ の事後分布は，図 4.7 の 2 段目左図で示したように，すでに MCMC によって直接求められています．表 4.5 を参照して，点推定値，post.sd，％点，確信区間，片側上限，片側下限の点を評価します（**RQ.21**）．

相関が区間 (c, c') にある確率を求めることができます．

「研究仮説 $U_{c < \rho < c'}$：ρ は区間 (c, c') にある．」
が正しい確率 $p(c < \rho < c')$ は，生成量

$$u^{(t)}_{c < \rho < c'} = \begin{cases} 1 & c < \rho < c' \\ 0 & \text{それ以外の場合} \end{cases} \quad (4.34)$$

の EAP で評価します（**RQ.22**）．

● 4.3.7 同　　順　　率

ランダムに 2 つの観測対象 i と j を選びます．このとき，その値 (x_{1i}, x_{2i})，(x_{1j}, x_{2j}) に関して，$(x_{1i} > x_{1j}$ なら $x_{2i} > x_{2j})$，あるいは $(x_{1i} < x_{1j}$ なら $x_{2i} < x_{2j})$ である確率を同順率（probability of concordance）[*2] といい，

[*2] 南風原朝和・芝祐順 (1987) 相関係数及び平均値差の解釈のための確率的な指標．教育心理学研究，**37**，259–267．

$$\mathrm{Con} = p((x_{1i} - x_{1j})(x_{2i} - x_{2j}) > 0) = 0.5 + \frac{1}{\pi}\sin^{-1}(\rho) \tag{4.35}$$

で与えられます．

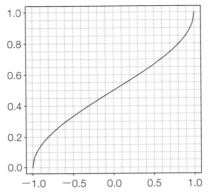

図 4.9 相関係数 (横軸) と同順率 (縦軸) の関係

の事後分布は生成量

$$\mathrm{Con}^{(t)} = 0.5 + \frac{1}{\pi}\sin^{-1}(\rho^{(t)}) \tag{4.36}$$

によって近似できます．近似された事後分布を要約して，点推定値, post.sd, %点，確信区間，片側上限，片側下限の点を評価します (**RQ.23**).

「研究仮説 $U_{\mathrm{Con}>c}$：Con は c より大きい」
が正しい確率は，生成量

$$u_{\mathrm{Con}>c}^{(t)} = \begin{cases} 1 & \mathrm{Con}^{(t)} > c \\ 0 & \text{それ以外の場合} \end{cases} \tag{4.37}$$

の EAP で評価します (**RQ.24**).

● **4.3.8 分析 II**

RQ.13 への回答 平均的な減量の点推定値は $2.74\,\mathrm{kg}$ ですが，表 4.8 をみると，差得点の標準偏差 σ_i は $4.15(0.75)[3.00, 5.90]$ であり，$4.15\,\mathrm{kg}$ くらいの減量効果の平均的ブレを覚悟する必要があります．よくない状態を想定するなら高々 $5.53\,\mathrm{kg}$ もの平均的ブレを覚悟する必要があります．

4.3 相関を考慮した個人内変化の分析

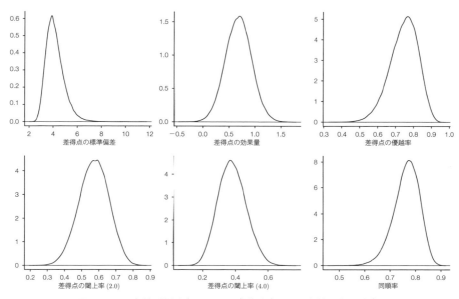

図 4.10 2変量正規分布モデルの事後分布 II (ρ を使用する分布)

表 4.8 生成量の事後分布の数値要約

	EAP	post.sd	2.5%	5%	50%	95%	97.5%
σ'	4.15	0.75	3.00	3.13	4.04	5.53	5.90
δ'	0.681	0.250	0.192	0.271	0.681	1.092	1.176
π'_d	0.745	0.078	0.576	0.607	0.752	0.863	0.880
$\pi'_{2.0}$	0.571	0.086	0.399	0.426	0.573	0.711	0.734
$\pi'_{4.0}$	0.380	0.085	0.223	0.245	0.377	0.527	0.555
Con	0.764	0.051	0.652	0.673	0.768	0.839	0.850

表 4.9 研究仮説が正しい確率 II

$U_{\sigma_i<3.0}$	0.025	$U_{\pi'_d>0.8}$	0.260	$U_{0.6<\rho<0.8}$	0.590
$U_{\delta'>0.3}$	0.936	$U_{\pi'_{3.0}>0.5}$	0.386	$U_{Con>0.8}$	0.249

RQ.14 への回答 表 4.9 より，平均的な減量効果 2.74 kg の周りでの散らばりが 3 kg 未満である確率はたったの 2.5% しかありません．80% より大きいなど遠く及びません．参加はお勧めしません．もし参加するなら，平均的な減量効果より散らばりのほうが大きいと覚悟してください．

RQ.15 への回答 表 4.8 より，差得点の効果量は 0.681(0.250)[0.192, 1.176] です．平均的な減量は，体重変化の平均的散らばりの 68.1% です．その 95% 確

信区間は 0.192 から 1.176 です.

RQ.16 への回答　表 4.9 より,差得点の効果量 δ' が 0.3 より大きい確率は 93.6%です. 80%より大きいですから参加してください.

RQ.17 への回答　表 4.8 より,差得点の優越率は 0.745(0.078)[0.576, 0.880] です.ダイエットプログラムに参加して体重が減る確率の点推定値は 74.5%です. 高々 86.3%であり,少なくとも 60.7%です.

RQ.18 への回答　表 4.9 より,ダイエットプログラムを受けた 80%より多い参加者の体重が減る確率は 26.0%です. 90%には遠く及びませんから,参加は見送ってください.

RQ.19 への回答　表 4.8 より,2 kg を上回って減量できる確率は 0.571(0.086) [0.399, 0.734] ですから,閾上率の点推定値は 57.1%です. 4 kg を上回って減量できる確率は 0.380(0.085)[0.223, 0.555] ですから,閾上率の点推定値は 38.0%であると,お友達に伝えてください.

RQ.20 への回答　表 4.9 より,「3 kg を上回ってダイエットに成功できる確率は 50%より大きい！」という宣伝コピーが正しい確率は 38.6%です. 8 割の確信を持つのは無理です. 参加は取りやめてください.

RQ.21 への回答　ページを戻って表 4.5 より,相関係数は 0.73(0.11)[0.46, 0.89] です. 点推定値 0.73 は,(4.10) 式で計算された 0.79 より小さいです. これは図 4.7 の中段左で示された相関係数の事後分布からも明らかなように,左に裾をひいて歪んでいるからです. MED 推定値は 0.75 であり,0.79 に近づきます.

RQ.22 への回答　表 4.9 より,相関が 0.6 より大きく 0.8 未満である確率は 59.0%です.

RQ.23 への回答　表 4.8 より,同順率は 0.764(0.051)[0.652, 0.850] です. 順番が入れ替わらない確率の点推定値は 76.4%であり,区間 [65.2%, 85.0%] にあると解釈されます.

RQ.24 への回答　表 4.9 より,「同順率が 80%より大きい」という信念は 24.9%でしか支持されません. これを高いとみるか低いとみるかは,あなたが決めるべき問題です.

4.4 標準偏差が異なる 2 変量正規分布モデル

標準偏差が共通していると 2 群の比較に関して便利なのですが, 実際に標準偏差が大きく異なっている場合には無理な仮定となります. そこで (4.15) 式そのものを利用した 2 変量正規分布モデルを導出します.

母数とデータは, それぞれ

$$\boldsymbol{\theta} = (\mu_1, \mu_2, \sigma_1, \sigma_2, \rho), \quad \boldsymbol{x} = (\boldsymbol{x}_1, \boldsymbol{x}_2) \tag{4.38}$$

です. 各女性の体重が互いに影響し合わないとすると, (1.31) 式に相当する尤度は

$$f(\boldsymbol{x}|\boldsymbol{\theta}) = f(\boldsymbol{x}_1, \boldsymbol{x}_2|\mu_1, \mu_2, \sigma_1, \sigma_2, \rho) = f(x_{11}, x_{21}|\mu_1, \mu_2, \sigma_1, \sigma_2, \rho) \times \cdots$$
$$\times f(x_{1n}, x_{2n}|\mu_1, \mu_2, \sigma_1, \sigma_2, \rho) \tag{4.39}$$

となります. 密度関数は 2 変量正規分布です.

(1.33) 式に相当する同時事前分布を,

$$f(\boldsymbol{\theta}) = f(\mu_1, \mu_2, \sigma_1, \sigma_2, \rho) = f(\mu_1)f(\mu_2)f(\sigma_1)f(\sigma_2)f(\rho) \tag{4.40}$$

とし, (1.36) 式に相当する事後分布を,

$$f(\boldsymbol{\theta}|\boldsymbol{x}) = f(\mu_1, \mu_2, \sigma_1, \sigma_2, \rho|\boldsymbol{x}_1, \boldsymbol{x}_2)$$
$$\propto f(\boldsymbol{x}_1, \boldsymbol{x}_2|\mu_1, \mu_2, \sigma_1, \sigma_2, \rho)f(\mu_1, \mu_2, \sigma_1, \sigma_2, \rho) \tag{4.41}$$

と導きます. MCMC によって, 母数の事後分布・生成量の事後分布・予測分布にしたがう乱数を発生させます.

2 つの標準偏差が異なる ($\sigma_1 \neq \sigma_2$) とき, 特定の観測対象 i の 2 つの変数の差得点は

$$x_{1i}^* - x_{2i}^* \sim N\left(\mu_1 - \mu_2, \ \sqrt{\sigma_1^2 + \sigma_2^2 - 2\rho\sigma_1\sigma_2}\right) \tag{4.42}$$

の正規分布にしたがいます.

差得点の標準偏差 $\sigma' = \sqrt{\sigma_1^2 + \sigma_2^2 - 2\rho\sigma_1\sigma_2}$ の事後分布は, 生成量

$$\sigma'^{(t)} = \sqrt{\sigma_1^{2(t)} + \sigma_2^{2(t)} - 2\rho^{(t)}\sigma_1^{(t)}\sigma_2^{(t)}} \tag{4.43}$$

によって近似できます．これは (4.23) 式に相当します．

(4.25) 式に相当する対応がある場合の効果量は，

$$\delta' = \frac{\mu_1 - \mu_2}{\sigma'} = \frac{\mu_1 - \mu_2}{\sqrt{\sigma_1^2 + \sigma_2^2 - 2\rho\sigma_1\sigma_2}} \tag{4.44}$$

となります．

(4.28) 式に相当する対応がある場合の優越率は，

$$\begin{aligned} \pi'_d = p(x_{1i}^* - x_{2i}^* > 0) &= p\left(z < \frac{\mu_1 - \mu_2}{\sigma'}\right) \\ &= p\left(z < \frac{\mu_1 - \mu_2}{\sqrt{\sigma_1^2 + \sigma_2^2 - 2\rho\sigma_1\sigma_2}}\right) \end{aligned} \tag{4.45}$$

となります．

(4.31) 式に相当する個人の変化が c より大きい閾上率は，

$$\begin{aligned} \pi'_c &= p(x_{1i}^* - x_{2i}^* > c) \\ &= p\left(z < \frac{\mu_1 - \mu_2 - c}{\sigma'}\right) = p\left(z < \frac{\mu_1 - \mu_2 - c}{\sqrt{\sigma_1^2 + \sigma_2^2 - 2\rho\sigma_1\sigma_2}}\right) \end{aligned} \tag{4.46}$$

となります．

● 4.4.1 分 析 III

「ダイエット問題」に関して，標準偏差が異なる正規分布モデルによる推測を行います．先と同様に μ_1 と μ_2 の事前分布は一様分布 $U(0,100)$ とし，σ_1 と σ_2 の事前分布は一様分布 $U(0,50)$ とし，相関の事前分布は一様分布 $U(0,1)$ とし，ベイズ分析を行いました．

MCMC のパラメタも共通させて，乱数を発生させたところ，母数・生成量のすべてに関して有効標本数が多く，$\hat{R} < 1.1$ であり，事後分布・予測分布へ収束していると判定できました．

表 4.10 には $\sigma_1 = \sigma_2 = \sigma$ を仮定したモデル EQU と，仮定しないモデル DEF の WAIC を示しました．EQU のほうが WAIC の値が小さいので，「σ_1 と σ_2 の違いを論じられるほど n が大きくない (データが少ない)」，あるいは「別々に推

表 4.10 WAIC によるモデルの比較

	EQU	DEF
WAIC	239.39	240.01

定する多様さのメリットが，一緒に推定する post.sd の小ささによる安定度のメリットを上回る程には，この n の下では σ_1 と σ_2 の間に違いはない.」と解釈します．

標準偏差が共通したモデル (EQU) と異なるモデル (DEF) に関して，2 変量正規分布の母数と ρ を使わない生成量の EAP 推定値と post.sd を表 4.11 に示しました．第 3 章で解説したように，標準偏差・効果量・非重複度に関しては，DEF では 2 種類計算されます．

標準偏差に関しては，EQU が 5.8, DEF が 5.4 と 6.6, 効果量に関しては，EQU が 0.480, DEF が 0.427 と 0.523, 非重複度に関しては，EQU が 0.318, DEF が 0.304 と 0.663 です．いずれも DEF の 2 つの推定値の間に EQU があります．

標準偏差が共通したモデル (EQU) と異なるモデル (DEF) に関して，ρ を使った生成量の EAP 推定値と post.sd を表 4.12 に示しました．計算される生成量は，両モデルで共通していますが，基礎となる母数の推定値が異なっているので，それぞれ若干の相違が観察されます．

表 4.11 EQU と DEF に関する EAP 推定値の比較 I

	EQU	DEF		EQU	DEF
μ_1	50.6 (1.3)	50.6 (1.2)	$\mu_1 - \mu_2$	2.74 (0.94)	2.74 (1.00)
μ_2	47.8 (1.3)	47.8 (1.5)	$\delta_1 = (\mu_1 - \mu_2)/\sigma_1$	0.480(0.178)	0.523(0.212)
σ_1	5.8 (0.9)	5.4 (1.0)	$\delta_2 = (\mu_1 - \mu_2)/\sigma_2$	0.480(0.178)	0.427(0.170)
σ_2	5.8 (0.9)	6.6 (1.2)	$U_{31} = F(\mu_1\|\mu_2, \sigma_2)$	0.682(0.062)	0.663(0.061)
ρ	0.73(0.11)	0.74(0.11)	$U_{32} = 1 - F(\mu_2\|\mu_1, \sigma_1)$	0.682(0.062)	0.696(0.071)
x_1^*	50.6 (6.1)	50.6 (5.6)	π_d	0.632(0.047)	0.628(0.048)
x_2^*	47.8 (6.1)	47.8 (6.9)	$\pi_{1.0}$	0.585(0.046)	0.582(0.047)

表 4.12 EQU と DEF に関する EAP 推定値の比較 II

	EQU	DEF
σ'	4.15 (0.75)	4.37 (0.82)
δ'	0.681(0.250)	0.647(0.252)
π'_d	0.745(0.078)	0.735(0.080)
$\pi'_{2.0}$	0.571(0.086)	0.568(0.087)
$\pi'_{4.0}$	0.380(0.085)	0.386(0.086)
Con	0.764(0.051)	0.771(0.051)

4.5 章末問題

> **メンタルヘルス問題**：大学生にメンタルヘルスの測定をしました．援助が必要な学生 50 人に援助を行い半年後に再検査を行ったデータが以下です．同じ位置の数値は，同一の学生のメンタルヘルス得点です．
>
> 援助前：62, 54, 19, 54, 47, 22, 35, 77, 64, 60, 27, 41, 41, 44, 57, 16, 42, 89, 40, 67, 69, 46, 74, 62, 60, 87, 32, 42, 73, 25, 42, 57, 31, 35, 33, 38, 43, 53, 55, 62, 67, 56, 76, 05, 31, 70, 66, 65, 34, 48
>
> 援助後：73, 72, 56, 58, 71, 42, 78, 77, 75, 72, 56, 71, 69, 77, 84, 51, 62, 88, 56, 58, 84, 91, 71, 82, 81, 77, 65, 78, 79, 60, 66, 70, 65, 57, 64, 61, 56, 67, 75, 64, 68, 67, 80, 55, 48, 85, 56, 62, 65, 79

1) 表 4.2 に登場する標本平均，標本標準偏差，標本分散，標本四分位点を求め，2 群の異同を考察しなさい．
2) 標本相関係数を求め，解釈しなさい．
3) 以下に関する **RQ.** を，基準点も含めて自作し，分析し，考察[*3)]しなさい．ただし計算は，DEF モデルによって行いなさい．

    RQ.1 第 1 群の平均値 μ_1 が第 2 群の平均値 μ_2 より高い確率．

    RQ.2 平均値の差 $\mu_1 - \mu_2$ の点推定．平均値の差の区間推定．

    RQ.3 平均値の差 $\mu_1 - \mu_2$ の片側区間推定の下限・上限．

    RQ.4 平均値の差が基準点 c より大きい確率．

    RQ.5 効果量 δ_1, δ_2 の点推定・区間推定・片側区間推定の下限・上限．

    RQ.6 効果量 δ_1, δ_2 が基準点 c より大きい確率．

    RQ.7 非重複度 U_{31}, U_{32} の点推定・区間推定・片側区間推定の下限・上限．

    RQ.8 非重複度 U_{31} が基準点 c より大きい確率．

    RQ.9 優越率 π_d の点推定・区間推定・片側区間推定の下限・上限．

    RQ.10 優越率 π_d が基準点 c より大きい確率．

[*3)] メンタルヘルス得点は，値が高いほうが健康度が高いものとします．

- **RQ.11** 閾上率 π_c の点推定・区間推定・片側区間推定の下限・上限.
- **RQ.12** 閾上率 π_c が基準確率 c' より大きい確率.
- **RQ.13** 差得点の標準偏差の点推定・区間推定・片側区間推定の下限・上限.
- **RQ.14** 差得点の標準偏差が基準点 c より大きい確率.
- **RQ.15** 差得点の効果量 δ' の点推定・区間推定・片側区間推定の下限・上限.
- **RQ.16** 差得点の効果量 δ' が基準点 c より大きい確率.
- **RQ.17** 差得点の優越率 π'_d の点推定・区間推定・片側区間推定の下限・上限.
- **RQ.18** 差得点の優越率 π'_d が基準確率 c より大きい確率.
- **RQ.19** 差得点の閾上率 π'_c の点推定・区間推定・片側区間推定の下限・上限.
- **RQ.20** 差得点の閾上率 π'_c が基準確率 c' より大きい確率.
- **RQ.21** 相関の点推定・区間推定・片側区間推定の下限・上限.
- **RQ.22** 相関が基準点より大きい (小さい) 確率. ある範囲にある確率.
- **RQ.23** 同順率の点推定・区間推定・片側区間推定の下限・上限.
- **RQ.24** 同順率が基準確率 c より大きい (小さい) 確率.

5 　実験計画による多群の差の推測

■ ■ ■

　本章では実験計画によって収集されたデータの分析方法について論じます．この方法は**分散分析法** (analysis of variance) による **F 検定** (F–test) に対するオルタナティヴです．

　実験は，理論や仮説が正しいか否かを確かめるために，多くの学問分野で共通して利用される強力な研究方法です．また**実験計画** (experimental design) は，「目的に応じて，どのような実験を行えばよいか」あるいは「どうすればデータを効率的に集めることができるか」を追求する研究分野であり，R.A. フィッシャーによって創始されました．

● 5.1　独立した 1 要因の推測 ●

以下の問題[*1] を具体例として独立した多群の差の推測を行います．

> **亜硫酸ガス濃度の実験**：亜硫酸ガスは刺激臭を有する気体であり，自動車の排気ガス等で排出される硫黄酸化物の総称です．亜硫酸ガスは，慢性気管支炎をはじめとする呼吸器系疾患の原因となる公害物質です．東京・池袋において，季節ごとに測定日を 6 日間選び，その濃度を示したのが表 5.1 です．亜硫酸ガスは，季節によって濃度に違いがあるのでしょうか．

　亜硫酸ガス濃度は，測定するごとに異なった値を示しています．測定値に影響をおよぼすと考えられる多くの原因のうち，その実験で取り上げ，調べられる質的な変数を**要因** (factor)，または因子といいます．
　ここでは季節による亜硫酸ガス濃度の影響を調べているので，要因は「季節」

[*1]　データの出典は「豊島区の環境　平成 3 年度調査」豊島区都市整備部公害対策課．

表 5.1 亜硫酸ガス濃度の実験 (単位：1×10^{-3} ppm)

季節	春	夏	秋	冬
	10	8	8	14
	10	10	8	12
	9	8	11	11
	11	10	11	16
	12	12	14	13
	11	9	15	12
平均	10.5	9.5	11.2	13.0

です．このように 1 つだけの要因に着目した実験を **1 要因実験** (one factorial experiment) といいます．1 つ目の要因を A で表現し，後述するように，2 つ目の要因を B で表現します．

要因のとるさまざまな状態を**水準** (level) といいます．この実験の要因 A「季節」の水準は，春・夏・秋・冬です．水準の数を**水準数**といいます．要因 A の水準数は a と，要因 B の水準数は b と表記します．ここでは $a = 4$ です．

● **5.1.1　独立した 1 要因モデル**

独立した **1 要因計画** (independent one factorial design) のモデル式は

$$y_{ij} = \mu_j + e, \qquad e \sim N(0, \sigma_e) \tag{5.1}$$

です．左辺の y_{ij} は，要因 A の j 番目の水準における i 番目の測定値です．たとえば $y_{62} = 9$ であり，夏における 6 番目の測定値です．右辺第 1 項の μ_j は水準 j の母平均です．右辺第 2 項の e は，水準内の散らばりを表現しており，誤差変数と呼ばれます．e は平均 0，標準偏差 σ_e の正規分布に従うことが仮定されます．第 3, 4 章流にいうならば，σ_e に添え字 j がついていないことから，すべての群の (水準の) 標準偏差を共通させているということが分かります．

(5.1) 式より，測定値の確率分布は，正規分布の密度関数を用い

$$f(y_{ij} | \mu_j, \sigma_e) \tag{5.2}$$

と表現されます．互いに独立に測定されていることを仮定し，水準内の測定値 $\boldsymbol{y}_j = (y_{1j}, \cdots, y_{n_j j})$ の同時確率分布を

$$f(\boldsymbol{y}_j | \mu_j, \sigma_e) = f(y_{1j} | \mu_j, \sigma_e) \times f(y_{2j} | \mu_j, \sigma_e) \times \cdots \times f(y_{n_j j} | \mu_j, \sigma_e) \tag{5.3}$$

と表現します．ただし n_j は水準 j における観測値の数です．水準ごとにデータ

の数は異なっていてかまいません．

データ全体を $\bm{y} = (\bm{y}_1, \cdots, \bm{y}_j, \cdots, \bm{y}_a)$ と表記し，水準ごとの平均をまとめて $\bm{\mu} = (\mu_1, \cdots, \mu_j, \cdots, \mu_a)$ と表記すると，(1.31) 式に相当する尤度は

$$f(\bm{y}|\bm{\theta}) = f(\bm{y}|\bm{\mu}, \sigma_e)$$
$$= f(\bm{y}_1|\mu_1, \sigma_e) \times \cdots \times f(\bm{y}_j|\mu_j, \sigma_e) \times \cdots \times f(\bm{y}_a|\mu_a, \sigma_e) \quad (5.4)$$

となります．ここで $\bm{\theta} = (\bm{\mu}, \sigma_e)$ は母数の集まりです．

μ_j と σ_e の事前分布としては，ここでは

$$\mu_j \sim U(0, 50), \qquad \sigma_e \sim U(0, 50) \quad (5.5)$$

を仮定しました．濃度という測定値の特性から負の値は定義されないので下限は 0 としました．また通常観測し得ないほどの大きな値ということで，上限は 50 としました．(1.33) 式に相当する同時事前分布を，

$$f(\bm{\theta}) = f(\mu_1) \times \cdots \times f(\mu_j) \times \cdots \times f(\mu_a) \times f(\sigma_e) \quad (5.6)$$

とし，(1.36) 式に相当する事後分布を，

$$f(\bm{\theta}|\bm{y}) \propto f(\bm{y}|\bm{\theta}) f(\bm{\theta}) \quad (5.7)$$

と導きます．MCMC 法により，母数の事後分布・生成量の事後分布・予測分布にしたがう乱数を生成することが可能です．

21000 個の乱数を 5 本発生させ，バーンイン期間を 1000 とし，$T = 100000$ の乱数によって母数の事後分布を近似しました．本章では MCMC をすべてこの条件で行います．母数の推定結果を表 5.2 に示します．

一番汚染度が高いのは冬であり，13.0(0.9)[11.3, 14.7] でした．低いのは夏であり，9.5(0.9)[7.8, 11.2] でした．両者の 95% 確信区間はかぶっていません．

亜硫酸ガスは，自動車のエンジン内での不完全燃焼が主たる原因で生じることが知られています．気温の低い冬場は不完全燃焼が起きやすく，逆に気温の高い夏場では不完全燃焼が起きにくいのかもしれません．

表 5.2　母数の推定結果

	EAP	post.sd	2.5%	5%	50%	95%	97.5%
春 μ_1	10.5	0.9	8.8	9.1	10.5	11.9	12.2
夏 μ_2	9.5	0.9	7.8	8.1	9.5	10.9	11.2
秋 μ_3	11.2	0.9	9.5	9.8	11.2	12.6	12.9
冬 μ_4	13.0	0.9	11.3	11.6	13.0	14.4	14.7
σ_e	2.1	0.4	1.5	1.6	2.0	2.7	2.9

5.1.2 全平均と水準の効果

母数の関数として導かれる生成量を解説します. まず**全平均** (total mean)

$$\mu = \frac{1}{a}(\mu_1 + \cdots + \mu_a) \tag{5.8}$$

です. 特段の理由がない場合は各水準の平均の単純な平均として生成します. 性別・民族・年齢構成・職業分類など, 構成比率が分かっている場合は, それに比例した (和が 1 の) 重みを用いた平均[*2)]を求めることも可能です.

解釈の要となる重要な生成量としては, **水準の効果** (effect of level)

$$a_j = \mu_j - \mu \tag{5.9}$$

があります. これは全平均からの偏差であり,

$$a_1 + \cdots + a_a = \mu_1 + \cdots + \mu_a - a\mu = 0 \tag{5.10}$$

という性質があります.

生成量を

$$\mu^{(t)} = \frac{1}{a}(\mu_1^{(t)} + \cdots + \mu_a^{(t)}), \qquad a_j^{(t)} = \mu_j^{(t)} - \mu^{(t)} \tag{5.11}$$

のように求め, 生成量の推定結果を示したのが表 5.3 です. 水準の効果の post.sd が, 水準内の平均の post.sd より小さいのは, (5.10) 式が結果として制約になっているからです.

水準の効果の事後分布の箱ひげ図を 5.1 に示しました. 縦軸が効果 (全平均からの隔たり) であり, 測定単位と共通しています. 横軸は水準です. 目視による観察では, 冬の効果がもっとも大きいことがわかります. また夏・春・秋の順に, 効果が 0 に近づいていきます.

表 **5.3**　生成量の推定結果

	EAP	post.sd	2.5%	5%	50%	95%	97.5%
μ	11.0	0.4	10.2	10.3	11.0	11.8	11.9
a_1	−0.5	0.7	−2.0	−1.8	−0.5	0.7	0.9
a_2	−1.5	0.7	−3.0	−2.8	−1.5	−0.3	−0.1
a_3	0.1	0.7	−1.3	−1.1	0.1	1.3	1.6
a_4	2.0	0.7	0.5	0.7	2.0	3.2	3.4

[*2)] たとえば「人種」という要因に「黄色人種」「黒人」「白人」の 3 水準があり, その地域での人口比率が $0.4, 0.3, 0.3$ なら, $\mu = 0.4 \times \mu_黄 + 0.3 \times \mu_黒 + 0.3 \times \mu_白$ とします. 母数は, 当該実験のデータ数 n_j によって定義するものではありません. したがって n_j の比と重みを一致させる必要はありません. また水準ごとのデータ数が異なっても (アンバランスデータ (unbalance data) といいます) 重みを $1/a$ に設定できます.

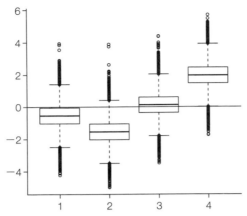

図 5.1 「亜硫酸ガス濃度の実験」の水準の効果の事後分布の箱ひげ図

● **5.1.3 効果の評価**

独立した 1 要因のモデルでは以下の観点
1) 水準の効果の有無 (どの水準が大きいのか小さいのか)
2) 要因の効果の大きさ (効果はどの程度か)
3) 水準間の比較 (どの対に差があるのか)
4) 連言命題が正しい確率
5) 特に興味のある 2 水準間の推測

から分析・考察を進めます．ただし 4) 以降は余力がある場合のみでよく，行わなくても構いません．

● **5.1.4 水準の効果の有無**

第 1 の観点に関しては，ドメイン知識に照らして規準 c より大きい (あるいは小さい) と確信が持てる水準を探します．すなわち

「研究仮説 $U_{a_j > c} : a_j$ は c より大きい」

が正しい確率を，生成量

$$u_{a_j>c}^{(t)} = \begin{cases} 1 & a_j^{(t)} > c \\ 0 & \text{それ以外の場合} \end{cases} \quad (5.12)$$

の EAP で評価します．

ここでは入門的分析ということで $c = 0$ として計算した確率を表 5.4 に示しま

表 5.4 水準の効果が 0 より大きい (小さい) 確率

季節	春	夏	秋	冬
$U_{a_j>0}$	0.226	0.021	0.571	0.994
$U_{a_j<0}$	0.774	0.979	0.429	0.006

す．冬の効果 a_4 が 0 より大きいという確率は 99.4%です．また夏の効果 a_2 が 0 より小さいという確率は 97.9%です．以上から，ここでは要因 A「季節」による効果はあると判定します．

データ数の増加に伴い，水準の効果の post.sd は平均的に小さくなります．したがって $c=0$ の判定は，big データでは「効果あり」の判定となることには留意しなければなりません．たとえば $a_j > 2$，あるいは $a_j < -2$ として，「「季節」による効果は少なくとも 2×10^{-3} ppm はある」という研究仮説ならば，データの増加に伴い，否定か肯定か，はっきり決着します．

その代わりに $c=0$ 以外の基準を定めるためには，適用分野のドメイン知識が必要になります．

● **5.1.5 要因の効果の大きさ**

1つ1つの水準 (季節) の効果ではなく，水準をまとめた「季節」という要因 A の効果の大きさはどれほどでしょうか．水準の効果 a_j と誤差変数が互いに独立であるとすると，

$$\sigma_y^2 = \sigma_a^2 + \sigma_e^2 \tag{5.13}$$

のように測定値の分散は，要因の分散 σ_a^2 と誤差の分散 σ_e^2 の単純な和となります．ここで

$$\sigma_a^2 = \frac{1}{a}\left\{(\mu_1 - \mu)^2 + \cdots + (\mu_a - \mu)^2\right\} = \frac{1}{a}(a_1^2 + \cdots + a_a^2) \tag{5.14}$$

です．要因の分散は，水準ごとのデータ数が異なっても影響されません．要因の効果の大きさを解釈するために利用できる1つの指標としては，説明率

$$\eta^2 = \frac{\sigma_a^2}{\sigma_y^2} = \frac{\sigma_a^2}{\sigma_a^2 + \sigma_e^2} \tag{5.15}$$

があります．(5.13) 式から明らかなように，説明率は測定値の分散に占める，要因の分散の比率です．説明率は 0 から 1 までの値をとります．説明率が 0 のときは，要因が観測変数をまったく説明していない状態を示し，説明率が 1 のときは，

表 5.5 効果の大きさに関する生成量の推定結果

	EAP	post.sd	2.5%	5%	50%	95%	97.5%
σ_a	1.4	0.4	0.7	0.8	1.4	2.1	2.3
η^2	0.324	0.126	0.079	0.112	0.327	0.527	0.559
δ	0.700	0.213	0.294	0.355	0.697	1.055	1.126

要因が観測変数を完全に説明している状態を示しています.

要因の効果の大きさを解釈するために利用できるもう1つの指標としては, 効果量

$$\delta = \frac{\sigma_a}{\sigma_e} \tag{5.16}$$

があります. 水準間の標準偏差が, 水準内の標準偏差の何倍に相当するかで要因の効果の大きさを表現します. 第3,4章における効果量の考え方を拡張したものです.

説明率 (5.15) 式は測定値の分散を利用した要因の効果の大きさの指標です. それに対して, 効果量 (5.16) 式は, 要因の影響を受けていない水準内の平均的散らばりを利用した要因の効果の大きさの指標です.

効果の大きさに関する生成量を

$$\sigma_a^{2(t)} = \frac{1}{a}\left\{(\mu_1^{(t)} - \mu^{(t)})^2 + \cdots + (\mu_a^{(t)} - \mu^{(t)})^2\right\}$$

$$\eta^{2(t)} = \frac{\sigma_a^{2(t)}}{\sigma_a^{2(t)} + \sigma_e^{2(t)}}, \quad \delta^{(t)} = \frac{\sigma_a^{(t)}}{\sigma_e^{(t)}} \tag{5.17}$$

によって計算し, 推定結果を表 5.5 に示します. また説明率と効果量の事後分布

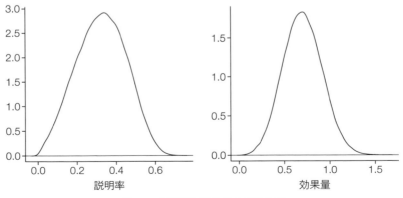

図 5.2 説明率と効果量の事後分布

を図 5.2 に示します.

要因 A の効果の標準偏差は 1.4(0.4)[0.7, 2.3] であり,およそ 1.4×10^{-3} ppm です.説明率は 0.324(0.126)[0.294, 1.126] であり,32.4%ということは約 3 割です.効果量は 0.700(0.213)[0.294, 1.126] であり,7 割ほどです.

● **5.1.6 水準間の比較**

どの水準とどの水準の間に差があるのでしょうか.この疑問に答えるのが水準間の比較です.

「研究仮説 $U_{\mu_j - \mu_{j'} > c}$:μ_j は $\mu_{j'}$ よりも c より大きい」が正しい確率 $p(\mu_j - \mu_{j'} > c)$ は,生成量

$$u^{(t)}_{\mu_j - \mu_{j'} > c} = \begin{cases} 1 & \mu_j^{(t)} - \mu_{j'}^{(t)} > c \\ 0 & それ以外の場合 \end{cases} \tag{5.18}$$

の EAP で評価します.ここでは入門的分析ということで $c = 0$ として計算した確率を表 5.6 に示します.この場合は上式は $u^{(t)}_{\mu_j > \mu_{j'}}$ となります.

この表から,95%以上の確率であると別々に明言できるのは「$\mu_4 > \mu_1$」と「$\mu_4 > \mu_2$」の 2 つです.わざわざ「別々に」と述べたのは,同時に成り立つ確率とは異なるからです.

表 5.6 行 i の水準が列 j の水準より大きい確率

季節	春 (μ_1)	夏 (μ_2)	秋 (μ_3)	冬 (μ_4)
春 (μ_1)	0.000	0.798	0.283	0.021
夏 (μ_2)	0.202	0.000	0.082	0.003
秋 (μ_3)	0.717	0.918	0.000	0.064
冬 (μ_4)	0.979	0.997	0.936	0.000

● **5.1.7 連言命題が正しい確率**

たとえば標本平均の大きさの順に並べた研究仮説「$\mu_4 > \mu_3 > \mu_1 > \mu_2$」が正しい確率を考えましょう.このように同時に成り立つ複数の命題 (研究仮説) のあつまりを**連言命題** (conjunctive proposition) といいます.この研究仮説が正しい確率は生成量

$$u^{(t)}_{\mu_4 > \mu_3} \times u^{(t)}_{\mu_3 > \mu_1} \times u^{(t)}_{\mu_1 > \mu_2} \tag{5.19}$$

の EAP で評価され，0.486 となりました．

条件を緩めて，春と秋に上下関係をつけずに研究仮説「$\mu_4 > (\mu_3, \mu_1) > \mu_2$」が正しい確率を計算してみます．これは生成量

$$u^{(t)}_{\mu_4 > \mu_3} \times u^{(t)}_{\mu_4 > \mu_1} \times u^{(t)}_{\mu_3 > \mu_2} \times u^{(t)}_{\mu_1 > \mu_2} \tag{5.20}$$

の EAP で評価され，0.701 となりました．

では冬と冬以外の季節に差がある (エンジンルーム内で不完全燃焼が生じるのには閾値があって，それより気温が高いと不完全燃焼が起きない？) という研究仮説「$\mu_4 > (\mu_3, \mu_1, \mu_2)$」が正しい確率を計算します．これは生成量

$$u^{(t)}_{\mu_4 > \mu_1} \times u^{(t)}_{\mu_4 > \mu_2} \times u^{(t)}_{\mu_4 > \mu_3} \tag{5.21}$$

の EAP で評価され，0.922 となりました．

最後に表 5.6 で示唆された 2 つの命題を吟味しましょう．研究仮説「$\mu_4 > (\mu_1, \mu_2)$」が正しい確率を計算します．これは生成量

$$u^{(t)}_{\mu_4 > \mu_1} \times u^{(t)}_{\mu_4 > \mu_2} \tag{5.22}$$

の EAP で評価され，0.976 となりました．

ここで注意なければならないことは，別々に成り立つ確率と同時に成り立つ確率は異なるということであり

$$p(\mu_4 > \mu_1) = 0.979, \qquad p(\mu_4 > \mu_2) = 0.997 \tag{5.23}$$

$$p((\mu_4 > \mu_1) \& (\mu_4 > \mu_2)) = 0.976 \tag{5.24}$$

の (5.23) 式と (5.24) 式は区別しなければなりません．後者は前者の最小値を上回ることはありません．

● 5.1.8 特に興味のある 2 水準間の推測

多重比較の結果，特定の水準の間に差があることが確信できたら，その中で興味のある水準間の分析を深めることができます．前節の分析で，冬と夏，冬と春の間に差があることが確信されましたが，ここでは冬と夏の差について分析例を示します (冬と春の差に関しても同様に分析できますが割愛します)．といっても新しい概念が登場するわけではなく，第 3 章で学習した独立した 2 群の分析の中で必要とされる分析を選んで実行するだけです．ただし冬と夏のデータだけを使って

5.1 独立した1要因の推測

再分析をしてはいけません.ベイズ統計学はデータの2度使いをしないからです.

ではどうすればよいのかといえば,前節までに求めた $\mu_4^{(t)}$ と $\mu_2^{(t)}$ と $\sigma_e^{(t)}$ とを利用します. $\sigma_e^{(t)}$ は冬と夏ばかりでなく,春と秋のデータも使って求めた乱数です.ここでは平均の差,効果量,非重複度,優越率,閾上率を選んで例示します.研究仮説が正しい確率なども計算できますが割愛します.

表 5.7 冬と夏に関する差の推定結果

	EAP	post.sd	2.5%	5%	50%	95%	97.5%
$\mu_4 - \mu_2$	3.5	1.2	1.1	1.5	3.5	5.5	5.9
δ	1.7	0.6	0.5	0.7	1.7	2.8	3.0
U_3	0.927	0.086	0.680	0.750	0.958	0.997	0.999
π_d	0.868	0.094	0.629	0.684	0.890	0.976	0.983
$\pi_{2.0}$	0.686	0.138	0.382	0.435	0.700	0.887	0.911

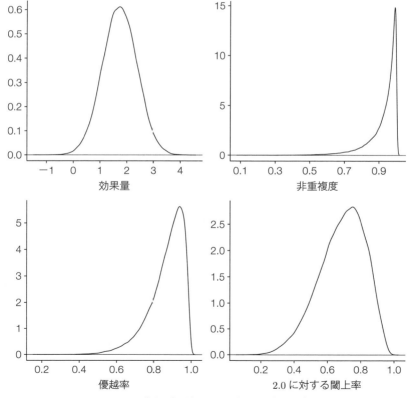

図 5.3 冬と夏の差に関する指標の事後分布

分析結果を表 5.7 に示し，事後分布は図 5.3 に示します．まず平均値の差は $3.5(1.2)[1.1, 5.9]$ でした．冬は夏より平均的に 3.5×10^{-3} ppm 濃度が高いと解釈されます．効果量は $1.7(0.6)[0.5, 3.0]$ であり，冬と夏の差は，水準内の平均的散らばりより 1.7 倍大きいと解釈します．

非重複度に関しては，$\mu_4 > \mu_2$ なので

$$U_3 = F(\mu_4 | \mu_2, \sigma_e) \tag{5.25}$$

を求めました．U_3 は $0.927(0.086)[0.680, 0.999]$ であり，冬は夏の $42.7\%(0.927 - 0.5)$ も上にあります．

優越率は $0.868(0.094)[0.629, 0.983]$ であり，冬と夏からそれぞれでたらめに選んだ 1 日を比較すると，86.8% の確率で冬のほうが亜硫酸ガスの濃度が高くなることが示されました．

$c = 2.0$ とした閾上率の推定値は $0.686(0.138)[0.382, 0.911]$ であり，冬と夏からそれぞれでたらめに選んだ 1 日を比較すると，冬のほうが亜硫酸ガスの濃度が 2.0×10^{-3} ppm より高くなる確率が 68.6% であることが示されました．

5.2 独立した 2 要因の推測

1 要因の実験デザインは実験計画法の基礎であり，頻繁に利用される重要なモデルです．しかし実験で注目されている測定値の高低に影響する要因は，1 つ取り上げれば，それでいつでも十分というわけにはいきません．ときには同時に 2 つの要因が測定値の高低に影響する場合もあります．

以下の問題[*3)]を具体例として 2 要因の実験計画を紹介します．

> ホテルの料金の調査：表 5.8 には，サンフランシスコとロサンゼルスのホテルのツインベッドルーム 1 泊の宿泊費が示されています．選ばれたホテルは，それぞれの都市で，ダウンタウンから 9 件，中心地から 10 km ほど離れた郊外から 9 件，合計 36 件です．ホテルの宿泊費には何か特徴的な性質があるでしょうか．

[*3)] データは tour book (1993) AAA. のカリフォルニア編より，著者が無作為に抽出して作成しました．

表 5.8　サンフランシスコとロサンゼルスのホテルの料金 (単位：US ドル)

	ダウンタウン	平均	郊外	平均
サンフランシスコ	079,107,103, 092,180,165, 240,265,300	170	075,060,060, 094,119,100, 102,125,165	100
ロサンゼルス	095,099,070, 116,170,145, 205,200,210	145	153,078,075, 092,115,155, 250,340,380	182

まず宿泊費は 2 つの都市によって区分されています．要因 A として，サンフランシスコとロサンゼルスという 2 つの水準の「都市」があります．また宿泊費は 2 つの場所によって区分されています．要因 B として，ダウンタウンと郊外という 2 つの水準の「場所」があります．

平均値を見ると，サンフランシスコではダウンタウンのほうが郊外よりも宿泊費が高く，ロサンゼルスでは反対に郊外よりもダウンタウンのほうが宿泊費が高いことがわかります．このように異なった要因の水準の組み合わせによって表現される状態の区分をセル (cell) といいます．ここには要因 A の 2 水準 × 要因 B の 2 水準で，合計して 4 つのセルがあります．要因 A の j 番目の水準と要因 B の k 番目の水準で表現されるセルをセル jk といいます．

図 5.4 の左図にはセルごとの箱ひげ図を示しました．図 5.4 の右図にはセルごとの平均値を打点しました．右図の左側にはサンフランシスコを，右側にはロサンゼルスの平均値を打点し，郊外とダウンタウンの平均値をそれぞれ直線で結んでいます．「都市」の違いによって「場所」の宿泊費が逆転していることがはっき

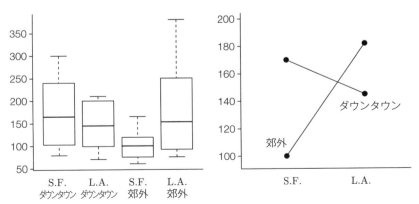

図 5.4　箱ひげ図 (左図) と平均値プロット (右図)
S.F.：サンフランシスコ，L.A.：ロサンゼルス．

りわかります.

5.1 節で導入した要因の効果は主効果と呼ばれています. **主効果** (main effect) とは,その要因を構成している一部の水準の平均 μ_j の間に差があることです. たとえば要因「都市」に主効果があるなら,「サンフランシスコよりもロサンゼルスのほうが宿泊料金が高い」などと解釈します. あるいは要因「場所」に主効果があるならば,「ダウンタウンのほうが郊外よりも宿泊料金が高い」などと解釈します.

しかし「ホテルの料金」データが示している主たる特徴はそのどちらでもなく, 要因 A の水準の違いによって要因 B の宿泊費が逆転していることであり,これを「都市」と「場所」の交互作用といいます. **交互作用** (interaction) とは,一方の要因の水準ごとに,他方の要因の平均の高低のパターンが異なる状態です.

● 5.2.1 独立した 2 要因モデル

独立した 2 要因計画 (independent two factorial design) のモデル式は

$$y_{ijk} = \mu + a_j + b_k + (ab)_{jk} + e, \qquad e \sim N(0, \sigma_e) \qquad (5.26)$$

です. 左辺の y_{ijk} はセル jk における i 番目の測定値です. たとえば $y_{112} = 75$ であり,サンフランシスコの郊外における 1 番目の測定値です. 右辺第 1 項の μ は要因の影響を取り除いた測定値の平均であり,**全平均** (total mean) です. (5.8) 式の μ とは異なり,ここでの μ は母数です. 右辺第 2 項 a_j は要因 A の水準 j の効果です. 右辺第 3 項 b_k は要因 B の水準 k の効果です. 右辺第 4 項 $(ab)_{jk}$ は要因 AB のセル jk の効果であり,交互作用を表します. カッコは掛け算でないことを表現しています. 右辺第 5 項の e は,セル内の散らばりを表現しており,誤差変数です. e はセルによらず平均 0,標準偏差 σ_e の正規分布に従うことが仮定されます.

(5.10) 式に準じて,(5.26) 式の第 2, 3, 4 項の添字の和は 0 である

$$\begin{aligned}
a_a &= (-1) \times (a_1 + \cdots + a_{a-1}) \\
b_b &= (-1) \times (b_1 + \cdots + b_{b-1}) \\
(ab)_{ak} &= (-1) \times ((ab)_{1k} + (ab)_{2k} + \cdots + (ab)_{(a-1)k}) \\
(ab)_{jb} &= (-1) \times ((ab)_{j1} + (ab)_{j2} + \cdots + (ab)_{j(b-1)})
\end{aligned} \qquad (5.27)$$

という制約を入れます. ただし添え字 b は要因 B の水準数です. したがって要因

5.2 独立した2要因の推測

A・要因 B・交互作用 AB の中で自由に推定できる母数の数は，それぞれ $a-1$ 個，$b-1$ 個，$(a-1)(b-1)$ 個です．μ と σ_e の2個も母数ですから，独立した2要因計画のモデルには，合計で $ab+1$ 個の自由に推定できる母数があることがわかります．モデル式 (5.26) 式を

$$\mu_{jk} = \mu + a_j + b_k + (ab)_{jk} \tag{5.28}$$

$$y_{ijk} = \mu_{jk} + e, \qquad e \sim N(0, \sigma_e) \tag{5.29}$$

と書き直してみましょう．(5.28) 式は，セル jk の平均を表現しています．(5.29) 式を観察すると，セルの平均にセル内の誤差が加わって測定値が生成されていることが分かります．(5.29) の左式右辺第1項に ab 個の平均があり，右式に1個の標準偏差があることから，自由に推定できる母数の数は $ab+1$ 個であることが確認できます．

(5.29) 式より，測定値の確率分布は

$$f(y_{ijk}|\mu_{jk}, \sigma_e) \tag{5.30}$$

です．セル jk 内で n_{jk} 個の測定が独立にされているならば，セル内の測定値 $\boldsymbol{y}_{jk} = (y_{1jk}, \cdots, y_{ijk}, \cdots, y_{n_{jk}jk})$ の同時確率分布は

$$f(\boldsymbol{y}_{jk}|\mu_{jk}, \sigma_e) = f(y_{1jk}|\mu_{jk}, \sigma_e) \times \cdots \times f(y_{ijk}|\mu_{jk}, \sigma_e)$$
$$\times \cdots \times f(y_{n_{jk}jk}|\mu_{jk}, \sigma_e) \tag{5.31}$$

です．セルごとに測定値の数は異なっていてかまいません．

データ全体を $\boldsymbol{y} = (\boldsymbol{y}_{11}, \cdots, \boldsymbol{y}_{1b}, \boldsymbol{y}_{21}, \cdots\cdots, \boldsymbol{y}_{ab})$ と表記し，セルごとの平均をまとめて $\boldsymbol{\mu} = (\mu_{11}, \cdots, \mu_{1b}, \mu_{21}, \cdots\cdots, \mu_{ab})$ と表記すると，(1.31) 式に相当する尤度は

$$f(\boldsymbol{y}|\boldsymbol{\theta}) = f(\boldsymbol{y}|\boldsymbol{\mu}, \sigma_e) = f(\boldsymbol{y}_{11}|\mu_{11}, \sigma_e) \times \cdots \times f(\boldsymbol{y}_{ab}|\mu_{ab}, \sigma_e) \tag{5.32}$$

となります．ここで母数ベクトル $\boldsymbol{\theta}$ は $(\boldsymbol{\mu}, \sigma_e)$ でもよいのですが，

$$\boldsymbol{\theta} = (\mu, \boldsymbol{a}, \boldsymbol{b}, (\boldsymbol{ab}), \sigma_e) \tag{5.33}$$

と表記したほうが，後の分析過程が明快になります．ただし $\boldsymbol{a} = (a_1, \cdots, a_{a-1})$，$\boldsymbol{b} = (b_1, \cdots, b_{b-1})$，$(\boldsymbol{ab}) = ((ab)_{11}, \cdots, (ab)_{1\ b-1}, (ab)_{21}, \cdots\cdots, (ab)_{a-1\ b-1})$

です.

$\boldsymbol{\theta}$ の中の μ と σ_e の事前分布としては,ここでは

$$\mu \sim U(0, 1000), \qquad \sigma_e \sim U(0, 500) \tag{5.34}$$

を仮定しました.宿泊費という測定値の特性から負の値は定義されないので下限は 0 としました.また平均が 1000 US ドルということはありえないので,全平均の上限は 1000,標準偏差の上限は 500 としました.主効果 $\boldsymbol{a}, \boldsymbol{b}$ と交互作用効果 ($\boldsymbol{ab}$) に関しては,特に範囲を定めずソフトウェアに任せた一様分布としました.

(1.33) 式に相当する同時事前分布を,

$$\begin{aligned} f(\boldsymbol{\theta}) = &f(\mu) \times f(a_1) \times \cdots \times f(a_{a-1}) \times f(b_1) \times \cdots \times f(b_{b-1}) \\ &\times f((ab)_{11}) \times \cdots \times f((ab)_{1\ b-1}) \times \cdots \times f((ab)_{a-1\ b-1}) \times f(\sigma_e) \end{aligned} \tag{5.35}$$

とし,(1.36) 式に相当する事後分布を,

$$f(\boldsymbol{\theta}|\boldsymbol{y}) \propto f(\boldsymbol{y}|\boldsymbol{\theta})f(\boldsymbol{\theta}) \tag{5.36}$$

と導きます.MCMC 法により,事後分布・生成量・予測分布にしたがう乱数を生成することが可能です.

21000 個の乱数を 5 本発生させ,バーンイン期間を 1000 とし,$T = 100000$ の乱数によって母数の事後分布を近似しました.母数の推定結果を表 5.9 に示します.5 つ ($= 2 \times 2 + 1 = a \times b + 1$) の母数が推定されています.残りの母数は,

$$a_1 = -a_2, \qquad b_1 = -b_2,$$
$$(ab)_{11} = -(ab)_{21} = -(ab)_{12} = (ab)_{22} \tag{5.37}$$

であり,推定する必要がありません.

全平均 μ の推定値は 149.5(13.6)[122.5, 176.2] であり,この地域の平均的な宿泊費は約 150 US ドルです.誤差標準偏差 σ_e の推定値は 80.3(10.6)[62.9, 104.4] であり,セル内での宿泊費の平均的な散らばりは約 80 US ドルです.

表 5.9 母数の推定結果

	EAP	post.sd	2.5%	5%	50%	95%	97.5%
μ	149.5	13.6	122.5	127.1	149.5	171.6	176.2
a_1	-14.3	13.6	-41.2	-36.6	-14.3	8.1	12.5
b_1	8.5	13.5	-18.0	-13.7	8.4	30.7	35.2
$(ab)_{11}$	26.6	13.6	-0.3	4.2	26.6	48.7	53.1
σ_e	80.3	10.6	62.9	65.0	79.2	99.4	104.4

5.2.2 水準とセルの効果の有無

どの水準が，あるいはどの交互作用項が，(ドメイン知識に照らして) 基準 c より大きい (あるいは小さい) という確信が持てるでしょうか．

「研究仮説：水準・交互作用の効果は c より大きい」が正しい確率は，生成量 (5.12) 式と生成量

$$u^{(t)}_{b_k > c} = \begin{cases} 1 & b_k^{(t)} > c \\ 0 & \text{それ以外の場合} \end{cases} \qquad u^{(t)}_{(ab)_{jk} > c} = \begin{cases} 1 & (ab)_{jk}^{(t)} > c \\ 0 & \text{それ以外の場合} \end{cases} \tag{5.38}$$

の EAP で評価します．ただし $a = 2, b = 2$ の場合は，(5.37) 式より，$a_1, b_1, (ab)_{11}$ だけを確認します．

ここでは入門的分析ということで $c = 0$ として計算した確率を表 5.10 に示します．「都市」の主効果も「場所」の主効果も確信を持てませんが，交互作用が 0 より大きい確率は 97.4%です．「都市」と「場所」の交互作用効果があると判定します．

表 5.10 水準・交互作用の効果が 0 より大きい (小さい) 確率

	a_1	b_1	$(ab)_{11}$
0 より大きい	0.143	0.737	0.974
0 以下	0.857	0.263	0.026

5.2.3 要因の効果の大きさ

個々の水準の項や交互作用項の効果の有無ではなく，効果の全体的な大きさはどれほどでしょうか．

(5.26) 式右辺の第 1 項以外の 4 つの項が互いに独立であるとすると測定値の分散は，

$$\sigma_y^2 = \sigma_a^2 + \sigma_b^2 + \sigma_{ab}^2 + \sigma_e^2 \tag{5.39}$$

のような単純な和となります．ここで

$$\sigma_a^2 = \frac{1}{a}(a_1^2 + \cdots + a_a^2), \quad \sigma_b^2 = \frac{1}{b}(b_1^2 + \cdots + b_b^2) \tag{5.40}$$

$$\sigma_{ab}^2 = \frac{1}{a \times b}((a \times b) \text{ 個の } (ab)_{jk}^2 \text{ の総和}) \tag{5.41}$$

表 5.11 効果の大きさに関する生成量の推定結果

	EAP	post.sd	2.5%	5%	50%	95%	97.5%
σ_a	16.4	11.1	0.8	1.5	14.9	36.7	41.2
σ_b	12.8	9.6	0.5	1.0	10.9	31.0	35.4
σ_{ab}	26.9	12.9	2.9	5.6	26.6	48.7	53.1
η_a^2	0.047	0.051	0.000	0.000	0.029	0.154	0.185
η_b^2	0.030	0.038	0.000	0.000	0.015	0.111	0.139
η_{ab}^2	0.108	0.081	0.001	0.004	0.094	0.260	0.295
η_t^2	0.185	0.094	0.029	0.044	0.178	0.351	0.383
δ_a	0.206	0.139	0.009	0.018	0.188	0.460	0.514
δ_b	0.160	0.118	0.006	0.013	0.137	0.386	0.437
δ_{ab}	0.340	0.166	0.035	0.066	0.337	0.620	0.674

です．これは確率変数の性質ですから，水準ごとのデータ数が異なっても影響されません．要因の効果の大きさを解釈するために利用できる1つの指標としては，説明率

$$\eta_a^2 = \frac{\sigma_a^2}{\sigma_y^2}, \qquad \eta_b^2 = \frac{\sigma_b^2}{\sigma_y^2}, \qquad \eta_{ab}^2 = \frac{\sigma_{ab}^2}{\sigma_y^2}, \qquad \eta_t^2 = \frac{\sigma_a^2 + \sigma_b^2 + \sigma_{ab}^2}{\sigma_y^2} \qquad (5.42)$$

があります．説明率は測定値の分散に占める，要因の分散の比ででした．η_t^2 は2つの要因と交互作用の分散の和による説明率です．要因の効果の大きさを解釈するために利用できるもう1つの指標としては，効果量

$$\delta_a = \frac{\sigma_a}{\sigma_e}, \qquad \delta_b = \frac{\sigma_b}{\sigma_e}, \qquad \delta_{ab} = \frac{\sigma_{ab}}{\sigma_e}, \qquad (5.43)$$

があります．

効果の大きさに関する生成量の推定結果を表 5.11 に示します．

交互作用 AB の効果の標準偏差は 26.9(12.9)[2.9, 53.1] であり，およそ 27 US ドルです．交互作用 AB の説明率は 0.108(0.081)[0.001, 0.295] であり，約1割です．交互作用 AB の効果量は 0.340(0.166)[0.035, 0.674] であり，34%ほどです．

● **5.2.4　セル平均の事後分布**

2要因の分析で交互作用効果の存在が確信されたら，一方の要因の水準ごとに，他方の要因の水準間の推測をするとデータに対する理解が深まります．

ここでは要因 A「都市」の水準「サンフランシスコ」と「ロサンゼルス」ごとの，要因 B の水準「ダウンタウン」「郊外」の差について推測します．要因 B の水準が3つ以上ある場合には，本章で学んだ水準間の比較や連言命題が正しい確率の計算を行います．ここでは水準が2つなので第3章で学んだ独立した2群の

5.2 独立した2要因の推測

差の推測を行います.

ただしデータを「サンフランシスコ」と「ロサンゼルス」に分け，独立した2群の差の再分析をしてはいけません．ベイズ統計学ではデータの2度使いを禁じているからです．

まずは (5.28) 式を利用して，セル jk の平均の生成量

$$\mu_{jk}^{(t)} = \mu^{(t)} + a_j^{(t)} + b_k^{(t)} + (ab)_{jk}^{(t)} \tag{5.44}$$

を計算し，事後分布を近似します．標準偏差には前節までに求めた $\sigma_e^{(t)}$ を利用します．結果を表 5.12 に示します．EAP 推定値は，表 5.8 の標本平均と実質的に同じです．

表 5.12 セル平均の推定結果

	EAP	post.sd	2.5%	5%	50%	95%	97.5%
μ_{11}	170.2	27.2	116.2	125.3	170.2	214.7	223.7
μ_{12}	100.1	27.2	46.6	55.5	100.1	144.5	153.6
μ_{21}	145.7	27.1	92.5	101.2	145.7	190.0	199.2
μ_{22}	181.9	27.1	128.4	137.4	182.0	226.3	235.3

● 5.2.5 特に興味のある2セル間の推測

ここでは平均の差，効果量，非重複度，優越率，閾上率を選んで例示します．研究仮説が正しい確率なども計算できますが割愛します．表 5.13 にサンフランシスコの推定結果を示し，表 5.14 にロサンゼルスの推定結果を示しました．両方とも引き算をする場合にはセル平均の大きいものから小さいものを引きます．

平均値の差に関して，サンフランシスコは 70.1(38.5)[−6.1, 145.8] と推定され，ロサンゼルスは 36.2(38.2)[−39.5, 110.9] と推定されました．サンフランシスコは，郊外よりもダウンタウンのほうが約 70 US ドル高く，ロサンゼルスはダウンタウンよりも郊外のほうが 36 US ドル高いと解釈されます．

表 5.13 サンフランシスコ (D.T.− 郊外) の推定結果

	EAP	post.sd	2.5%	5%	50%	95%	97.5%
$\mu_{11} - \mu_{12}$	70.1	38.5	−6.1	7.0	70.2	133.3	145.8
δ	0.887	0.487	−0.072	0.084	0.887	1.688	1.840
U_3	0.787	0.131	0.471	0.533	0.813	0.954	0.967
π_d	0.723	0.110	0.480	0.524	0.735	0.884	0.903
$\pi_{10.0}$	0.695	0.114	0.446	0.490	0.705	0.865	0.886

表 5.14　ロサンゼルス (D.T.− 郊外) の推定結果

	EAP	post.sd	2.5%	5%	50%	95%	97.5%
$\mu_{21} - \mu_{22}$	36.2	38.2	−39.5	−26.6	36.5	98.2	110.9
δ	0.459	0.476	−0.475	−0.323	0.461	1.236	1.389
U_3	0.661	0.159	0.317	0.373	0.677	0.892	0.918
π_d	0.621	0.122	0.368	0.410	0.628	0.809	0.837
$\pi_{10.0}$	0.588	0.124	0.336	0.376	0.593	0.783	0.813

効果量に関して，サンフランシスコは 0.887(0.487)[−0.072, 1.840] と推定され，ロサンゼルスは 0.459(0.476)[−0.475, 1.389] と推定されました．サンフランシスコの平均値差は，セル内の標準偏差の 88.7%であり，ロサンゼルスのそれは 45.9%です．

非重複度に関しては，サンフランシスコは 0.787(0.131)[0.471, 0.967] と推定され，ロサンゼルスは 0.661(0.159)[0.317, 0.918] と推定されました．ダウンタウンの宿泊費の分布を元に，郊外の宿泊費の平均値を位置づけるなら，サンフランシスコは下から 21.3%の位置に，ロサンゼルスは下から 66.1%の位置にいます．

優越率に関して，サンフランシスコは 0.723(0.110)[0.480, 0.903] と推定され，ロサンゼルスは 0.621(0.122)[0.368, 0.837] と推定されました．郊外とダウンタウンから無作為に 1 軒ずつホテルを抽出して宿泊料金を比較することを考えます．このときダウンタウンのホテルのほうが宿泊費が高い確率は，サンフランシスコで 72.3%であり，ロサンゼルスで 37.9%です．

10 ドルを基準値とした閾上率に関して，サンフランシスコは 0.695(0.114)[0.446, 0.886] と推定され，ロサンゼルスは 0.588(0.124)[0.336, 0.813] と推定されました．郊外とダウンタウンから無作為に 1 軒ずつホテルを抽出したとき，サンフランシスコではダウンタウンのホテルのほうが宿泊費が 10 US ドル高い確率は，69.5%です．ロサンゼルスでは郊外のホテルのほうが宿泊費が 10 US ドル高い確率は 58.8%です．

5.3　章　末　問　題

1) 以下は Fonken et al.(2010)[*4)]の 3 条件下で飼育されたマウスの体重増加のデータ[*5)]です．LD (light/dark) 群では通常の昼間は明るく夜は暗い照明が保たれ，LL (light/light) 群では昼夜を問わず照明は明るく保たれ，DM (dim light at night) 群では昼間は明るく，夜は薄明るい照明が保たれ，4 週間飼

育した後の体重増分をgの単位で測定しました．$n_1 = 8, n_2 = 9, n_3 = 10$ であり，水準内のデータ数は異なっています．独立した1要因の推測を行いなさい．

表 5.15 マウスの体重増のデータ (g)

LD 群 ($j = 1$)	05.02, 06.67, 08.17, 02.79, 08.13, 06.34, 06.32, 03.97
LL 群 ($j = 2$)	09.89, 09.58, 11.20, 09.05, 12.33, 09.39, 10.88, 09.37, 17.40
DM 群 ($j = 3$)	10.20, 07.29, 07.57, 03.42, 05.82, 10.92, 05.21, 13.47, 08.64, 06.05

2) たくさんの「球種」をもつ選手Eの球速を，走者がいるときと，いないとき「走者」に分けて測定しました．

「球種」と「走者」の2要因の球速に対する影響を推測しなさい．もし交互作用が確認されず，主効果があるようなら水準間に差のある確率を求めなさい．ただしその際の分析，さらに以後の分析には $a_i^{(t)}, b_j^{(t)}, \sigma_e^{(t)}$ をそのまま使用しなさい．

また差があると確信できる2水準を一組選び，効果量・非重複率，優越率を，点推定値(post.sd) [95%確信区間] の形式で求めなさい．その際には平均の大きいほうを第1群とし，小さいほうを第2群として計算しなさい．

表 5.16 走者の有無による選手Eの球種別の球速

	ストレート	カットボール	フォーク
走者あり	140,146,149,136,147,147,143,143,143,141	139,136,136,140,135,132,140,134	123,127,131,130,138,128,129
走者なし	143,141,142,145,149,145,143,141,142,155	138,134,142,136,135,136,131,133	131,128,128,128,127,130,130
	チェンジアップ	スライダー	カーブ
走者あり	115,120,118,118,121,124,129,119,128	128,124,123,121,122,126,131,122	121,121,120,116,117,113,118
走者なし	117,125,132,122,119,122,129,117,127	117,120,124,122,122,122,118,122	119,125,122,116,119,113,122

[*4] Fonken,L.K.,Workman,J.L.,Walton,J.C.,Weil,Z.M.,Morris,J.S., Haim,A.,& Nelson,R.J (2010) Light at night increases body mass by shifting the time of food intake. *Proc. Natl. Acad. Sci. USA.*, **107**, 18664-18669.

[*5] R パッケージ Lock5Data に LightatNight として収録されています．

6 比率とクロス表の推測

　ここまでの章では量を測ったデータを分析してきました．これを連続的な値をとる計量データといいます．本章では数を数えるデータを分析します．これを離散的な値をとる**カウントデータ** (count data, 計数データ) といいます．とくに比率の推測や，クロス集計表の分析法について論じます．この方法は比率の差の z 検定 (z test) やクロス表の χ^2 (カイ 2 乗) 検定 (χ^2 test) に対するオルタナティヴです．

● 6.1　カテゴリカル分布 ●

　ここまで正規分布と一様分布のみを用いて学習を進めてきましたが，本章ではまず，ベルヌイ分布・2 項分布・多項分布という理論分布を導入し，カテゴリカルなデータの分析に備えます．これらの分布は事前分布としてではなく，データ生成分布 (尤度を構成する分布) として利用します．

● 6.1.1　ベルヌイ分布

　サッカーのペナルティキック (penalty kick, PK) を 1 回だけ試み，成功 (得点, $x=1$) か，失敗 ($x=0$) かを観察します．この選手の PK の成功確率は変化しない母比率 p とします．このように結果が 2 値で，確率が一定である試行を，**ベルヌイ試行** (Bernoulli trial) といいます．

　ベルヌイ試行の 1 回の結果は

$$f(x|p) = p^x(1-p)^{1-x}, \quad x = 0, 1 \tag{6.1}$$

という確率分布で表現することができ，これを**ベルヌイ分布** (Bernoulli distribution) といいます．

　実数の 0 乗は 1 ですから，

$$f(x=1 \mid p) = p^1(1-p)^0 = p \tag{6.2}$$

$$f(x=0 \mid p) = p^0(1-p)^1 = 1-p \tag{6.3}$$

となり，この確率分布はベルヌイ試行の確率を与えていることが分かります．

● 6.1.2　2 項 分 布

　複数回の PK の成否は互いに影響しない (独立である) とすると，PK を 3 回試みて 2 回成功する確率はいくらでしょうか．たとえば (成功・失敗・成功) が，この順番に観察される確率は，それぞれの確率の積で

$$f(x=1\mid p) \times f(x=0\mid p) \times f(x=1\mid p) = p \times (1-p) \times p$$
$$= p^2(1-p)^{3-2} \tag{6.4}$$

です[*1)]．しかし 2 回成功するケースは，他にも (成功・成功・失敗) と (失敗・成功・成功) がありますから，合計で 3 ケースあり，3 回投げて 2 回成功する確率は，それらの和であり，

$$p \times (1-p) \times p + p \times p \times (1-p) + (1-p) \times p \times p$$
$$= 3 \ \times \ p^2(1-p)^{3-2} \tag{6.5}$$

と導かれます．

　右辺の先頭の係数 3 は，見方を変えると，3 つの位置から 2 つの位置を選ぶ組み合わせの数と考えることができます．この性質を利用して係数を一般化します．n 個の位置から x 個の位置を選ぶ組み合わせ (combination) は，

$$\frac{n!}{x! \times (n-x)!} \tag{6.6}$$

で[*2)]計算されます．先の例をこの式にしたがって書き下すと，(6.5) 式の係数は

$$\frac{n!}{x! \times (n-x)!} = \frac{3!}{2! \times 1!} = \frac{3 \times 2 \times 1}{(2 \times 1) \times 1} = 3 \tag{6.7}$$

となり，一致することが確認できます．

[*1)]　「3 − 2」は 1 なので，ここでは無意味なのですが，後で重要な表記となります．
[*2)]　$n! = n \times (n-1) \times \cdots \times 1$ です．！は階乗 (かいじょう，factorial) と読みます．たとえば $6! = 6 \times 5 \times 4 \times 3 \times 2 \times 1 = 720$ です．

(6.6) 式の性質を利用すると，確率 p で成功する n 回のベルヌイ試行の和が x になる確率は

$$f(x|p) = \frac{n!}{x! \times (n-x)!} \, p^x (1-p)^{n-x}, \quad x = 0, 1, \cdots, n \qquad (6.8)$$

と表現でき，この確率分布を **2 項分布** (binomial distribution) といいます．証明は割愛しますが，2 項分布の平均値と標準偏差は，それぞれ

$$n \times p \qquad (6.9)$$

$$\sqrt{n \times p \times (1-p)} \qquad (6.10)$$

であることが知られています．

● 6.1.3 多項分布

無作為に選んだ人の血液型が A 型，B 型，O 型，AB 型である確率が，それぞれ p_1, p_2, p_3, p_4 $(p_1 + p_2 + p_3 + p_4 = 1)$ であるとすると，A 型がひとり観察される確率は (6.2) 式を拡張して

$$f(\text{A 型} \mid p_1, p_2, p_3, p_4) = p_1^1 \, p_2^0 \, p_3^0 \, p_4^0 = p_1 \qquad (6.11)$$

と表現できます．互いに独立に抽出した 10 人を継時的に観察し，その結果が (A 型，B 型，A 型，O 型，B 型，A 型，AB 型，B 型，A 型，O 型) の順に並ぶ確率は (6.4) 式からのアナロジーで

$$p_1 \times p_2 \times p_1 \times p_3 \times p_2 \times p_1 \times p_4 \times p_2 \times p_1 \times p_3 = p_1^4 \, p_2^3 \, p_3^2 \, p_4^1 \qquad (6.12)$$

です．

ここで A 型，B 型，O 型，AB 型の観察された人数を，それぞれ x_1, x_2, x_3, x_4 と表記し，合計人数を $n \, (= x_1 + x_2 + x_3 + x_4)$ とします．一般的に n 個の位置から x_1, x_2, x_3, x_4 個ずつの位置を選ぶ組み合わせは，(6.6) 式を拡張して

$$\frac{n!}{x_1! \times x_2! \times x_3! \times x_4!} \qquad (6.13)$$

で計算されます．

具体例を挙げます．互いに独立に抽出した 10 人を観察し，A 型，B 型，O 型，AB 型がそれぞれ 4 人，3 人，2 人，1 人観察される位置の組み合わせは，(6.7) 式

と同様に計算し

$$\frac{10!}{4! \times 3! \times 2! \times 1!} = \frac{3628800}{24 \times 6 \times 2 \times 1} = 12600 \tag{6.14}$$

通りです．

したがって，どういう順番で並ぶか[*3]は問わずに，カウントされた人数 $\boldsymbol{x} = (x_1, x_2, x_3, x_4) = (4 人, 3 人, 2 人, 1 人)$ が観察される確率は

$$\frac{10!}{4! \times 3! \times 2! \times 1!} \, p_1^4 \, p_2^3 \, p_3^2 \, p_4^1 \tag{6.15}$$

となります．

以上のことを一般化します．各試行の結果が k 種類の値をとり，それぞれが観察される確率が $\boldsymbol{p} = (p_1, \cdots, p_k)$ であるとします．n 回の独立した試行が行われたとき，それぞれ出現した数 $\boldsymbol{x} = (x_1, \cdots, x_k)$ が観察される確率は，

$$f(\boldsymbol{x}|\boldsymbol{p}) = \frac{n!}{x_1! \times \cdots \times x_k!} \, p_1^{x_1} \times \cdots \times p_k^{x_k} \tag{6.16}$$

$$n = x_1 + \cdots + x_k \tag{6.17}$$

$$1 = p_1 + \cdots + p_k \tag{6.18}$$

です．この確率分布を**多項分布** (multinomial distribution) といいます．

6.2 比率の推測 I (1 つの 2 項分布)

以下の問題を利用し，2 項分布による比率の推測を行います．

> **蕎麦の選好問題**：ある調査で蕎麦とうどんのどちらが好きか調べられました．T 町では 400 人中 220 人が蕎麦が好きと回答し，180 人がうどんが好きと回答しました．蕎麦好きの比率のほうが大きいといってよいでしょうか．

「蕎麦とうどんのどちらが好きか」という問いへの回答をベルヌイ試行とすると，調査対象者 n 人中の蕎麦好きの人数 x は 2 項分布に従います．したがって (1.31) 式に相当する尤度は (6.8) 式となります．事前分布 $f(p)$ としては，確率の

[*3] これを**順列** (permutation) といいます．

定義域に対する一様分布

$$p \sim U(0,1) \tag{6.19}$$

を仮定します．(1.36) 式に相当する事後分布を，

$$f(p|x) \propto f(x|p)f(p) = f(x|p) \tag{6.20}$$

と導きます．MCMC 法により，母数の事後分布・生成量の事後分布・予測分布にしたがう乱数を生成することが可能です．

ここでは長さ 21000 のチェインを 5 つ発生させ，バーンイン期間を 1000 とし，HMC 法によって得られた 100000 個の乱数で事後分布・予測分布を近似しました．以下，本章では同様の設定で MCMC を行います．

p は $\hat{R} < 1.1$ であり，事後分布へ収束していると判定できました．

事後分布と予測分布を図 6.1 に示し，その数値要約を表 6.1 に示します．比率の推定値は 0.550(0.025)[0.502, 0.598] です．標本比率 0.55 (= 220/400) は，厳密には MAP 推定値 (事後分布の最頻値) に一致します．図 6.1 の左図を観察すると，ほとんど対称なので小数第 3 位まで一致しています．

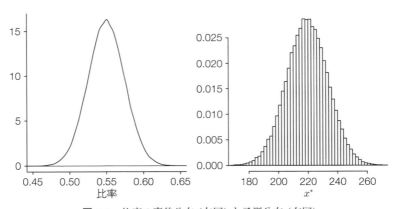

図 6.1　比率の事後分布 (左図) と予測分布 (右図)

表 6.1　事後分布と予測分布の数値要約

	EAP	post.sd	2.5%	5%	50%	95%	97.5%
p	0.550	0.025	0.502	0.509	0.550	0.590	0.598
	EAP	sd	2.5%	5%	50%	95%	97.5%
x^*	220	13.9	193	197	220	243	247

図 6.1 の右図は予測分布 (x^* の分布) を階級幅 2 で描いたヒストグラムです. 縦軸には度数そのものではなく確率 (相対度数) を配しています. x^* の数値要約は 220(13.9)[193, 247] です. ただし予測分布ですから小カッコの中は標準偏差です. (6.9) 式に EAP 推定値を代入すると $220 (= 400 \times 0.550)$ となり, 予測分布のそれと一致します. しかし (6.10) 式に EAP 推定値を代入すると 9.95 $(= \sqrt{400 \times 0.550 \times (1 - 0.550)})$ となるので, 予測分布の標準偏差 13.9 よりだいぶ小さくなりました. これは母数 p が分布しているためです.

● 6.2.1 オッズ (生成量)

2 項分布の確率 p を解釈するときに, オッズ

$$Odds = \frac{p}{1-p} \tag{6.21}$$

を併用すると理解が進みます. オッズの範囲は $0 \leq Odds \leq \infty$ であり, $0 \leq p \leq 1$ の範囲の比率と 1 対 1 に対応します. したがってオッズは確率の別表現です.

オッズ (odds) は, ギャンブルのブックメーカー (bookmaker, 欧米における賭け屋) が払い戻し金の目安として発表する数値です. 野球チーム A と B の試合の賭けを考えましょう.「チーム A が勝つ確率が 0.25 と予想されている」ときには, オッズは $1/3 = (0.25/(1 - 0.25))$ となります.

これは, A が勝つと予想している人が B が勝つと予想している人の 1/3 だということです. ブックメーカーの手数料を無視すると, もし A に 1000 円賭けて A が勝ったときは, 外れた人の賭け金をみんなもらい元金 + 3000 円をもらえることになります. したがってオッズは払い戻し賞金倍率の逆数と解釈することも可能です.

オッズの事後分布は

$$Odds^{(t)} = \frac{p^{(t)}}{1-p^{(t)}} \tag{6.22}$$

で近似されます.

「蕎麦の選好問題」のオッズの事後分布を図 6.2 に示し, その数値要約を表 6.2 に示します. オッズの推定値は 1.23(0.12)[1.01, 1.49] であり, 蕎麦好きはうどん好きの 1.23 倍います.

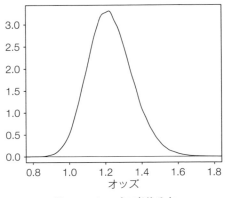

図 6.2 オッズの事後分布

表 6.2 「蕎麦の選好問題」のオッズの事後分布の数値要約

	EAP	post.sd	2.5%	5%	50%	95%	97.5%
$Odds$	1.23	0.12	1.01	1.04	1.22	1.44	1.49

● **6.2.2 仮説が正しい確率**

「研究仮説 $U_{c<p}$：p は c より大きい」
が正しい確率は，生成量

$$u_{c<p}^{(t)} = \begin{cases} 1 & c < p^{(t)} \\ 0 & \text{それ以外の場合} \end{cases} \quad (6.23)$$

の EAP で評価します．

$c = 0.5$ とし，「T 町において「蕎麦好き」が「うどん好き」より多い」という研究仮説が正しい確率は 0.979 でした．ほぼ確実です．表 6.1 から明らかなように，95%の確信で 0.509 より大きいといえます．

「研究仮説 $U_{c<Odds}$：$Odds$ は c より大きい」
が正しい確率は，生成量

$$u_{c<Odds}^{(t)} = \begin{cases} 1 & c < Odds^{(t)} \\ 0 & \text{それ以外の場合} \end{cases} \quad (6.24)$$

の EAP で評価します．

$c = 1.4$ とし，「T 町において「蕎麦好き」は「うどん好き」の 1.4 倍より多くいる」という研究仮説が正しい確率を計算すると 0.086 となりました．正しいとは言えません．表 6.2 より，95%の確信で 1.04 倍より大きいとはいえます．

6.3 比率の推測 II (1 つの多項分布)

以下の問題を利用し，多項分布による比率の推測を行います．

> **相談相手問題**：ある中学生を対象とする調査で，悩みごとを一番相談する対象が質問されました．結果は表 6.3 となりました．母比率の推測をしてください．

表 6.3 相談相手 (人数)

カテゴリ	親	友達	きょうだい	先生	相談しない	その他	計
人 数	26	40	8	2	23	8	107

(1.31) 式に相当する尤度としては多項分布 (6.16) 式を利用します．事前分布としては，確率の定義域に対する一様分布を利用するのですが，(6.18) 式の制約を反映させる必要があります．まず i 番目のカテゴリの仮の確率の事前分布を

$$\ddot{p}_i \sim U(0,1) \tag{6.25}$$

とし $(\ddot{\boldsymbol{p}} = (\ddot{p}_1 \cdots \ddot{p}_k))$，

$$p_i = \frac{\ddot{p}_i}{\ddot{p}_1 + \cdots + \ddot{p}_k} \tag{6.26}$$

のように和が 1 となる母数 $\boldsymbol{p} = (p_1 \cdots p_k)$ を構成します．$\ddot{p}_i$ から p_i を求めていますから

$$f(\boldsymbol{p}) = f(\ddot{\boldsymbol{p}}) = f(\ddot{p}_1) \times \cdots \times f(\ddot{p}_k) \tag{6.27}$$

として，(1.36) 式に相当する事後分布を，

$$f(\boldsymbol{p}|\boldsymbol{x}) \propto f(\boldsymbol{x}|\boldsymbol{p}) f(\boldsymbol{p}) \tag{6.28}$$

と導きます．MCMC 法により，事後分布・生成量・予測分布にしたがう乱数を生成することが可能です．

「相談相手問題」の比率の事後分布の数値要約を表 6.4 に示します．たとえば「友達」に相談する比率は 0.363(0.045)[0.277, 0.454] であり，EAP 推定値は標本

表 6.4 「相談相手問題」の比率の事後分布の数値要約

	EAP	post.sd	2.5%	5%	50%	95%	97.5%
p_1	0.239	0.040	0.166	0.176	0.237	0.307	0.320
p_2	0.363	0.045	0.277	0.290	0.362	0.438	0.454
p_3	0.080	0.026	0.037	0.042	0.077	0.126	0.137
p_4	0.027	0.015	0.006	0.007	0.024	0.055	0.063
p_5	0.212	0.038	0.142	0.152	0.210	0.278	0.292
p_6	0.080	0.026	0.037	0.042	0.077	0.125	0.136

比率 0.374(=40/107) より若干小さく推定されています.「先生」に相談する比率は 0.027(0.015)[0.006, 0.063] であり, EAP 推定値は標本比率 0.019 より若干大きく推定されています.

● **6.3.1 カテゴリ間の比較**

どのカテゴリとどのカテゴリの間に差があるのでしょうか.
「研究仮説 $U_{p_j < p_i}$: p_i は p_j よりも大きい」
が正しい確率 $p(p_j < p_i)$ は, 生成量

$$u^{(t)}_{p_j < p_i} = \begin{cases} 1 & p_j^{(t)} < p_i^{(t)} \\ 0 & \text{それ以外の場合} \end{cases} \quad (6.29)$$

の EAP で評価します. その結果を表 6.5 に示します. ここでは確率が 95% より大きいセルを太字で示しました. たとえば $p(p_1 < p_2) = 0.957$ であり,「親」よりも「友達」に相談する比率のほうが大きいことに 95.7% の確信をもてます. また $p(p_3 < p_2) = 1.000$ であり,「きょうだい」よりも「友達」に相談する比率のほうが大きいことに (有効数字 3 桁で) 100% の確信をもてます.

2 行目を観察すると,「友達」は 95% 以上の確信で他のどのカテゴリより比率が大きいことが見てとれます. 4 列目を観察すると,「先生」は 95% 以上の確信で他のどのカテゴリより比率が低いことが見てとれます.

表 6.5 行 i のカテゴリが列 j のカテゴリより大きい確率

相談相手	p_1	p_2	p_3	p_4	p_5	p_6
p_1 (親)	0.000	0.043	**0.999**	**1.000**	0.666	**0.999**
p_2 (友達)	**0.957**	0.000	**1.000**	**1.000**	**0.983**	**1.000**
p_3 (きょうだい)	0.001	0.000	0.000	**0.966**	0.004	0.499
p_4 (先生)	0.000	0.000	0.034	0.000	0.000	0.033
p_5 (相談しない)	0.334	0.017	**0.996**	**1.000**	0.000	**0.997**
p_6 (その他)	0.001	0.000	0.501	**0.967**	0.003	0.000

● 6.3.2 連言命題が正しい確率

表 6.5 の確率は，2 つのカテゴリの比較の確率としてはそのまま解釈可能です．ただし複数の比較が同時に成り立つ確率とは異なります．

手始めに，研究上の問い「「友達」は他の誰よりも相談される比率が高い」が正しい確率を求めてみましょう．この **RQ.** が真のときには 1 を，偽のときには 0 をとる生成量

$$u_{p_1<p_2}^{(t)} \times u_{p_3<p_2}^{(t)} \times u_{p_4<p_2}^{(t)} \times u_{p_5<p_2}^{(t)} \times u_{p_6<p_2}^{(t)} \tag{6.30}$$

の EAP が求めたい確率となります．確率は 0.945 になりました．この確率は，積を計算する前の生成量の EAP の最小値を上回りません．「友達」の比率は，他の 1 つ 1 つのカテゴリとの比較では 95%以上の確信で高いのですが，「「友達」は他の誰よりも相談される比率が高い」という研究仮説が正しい確率は 95%以下でした．

「親」を除いて，生成量

$$u_{p_3<p_2}^{(t)} \times u_{p_4<p_2}^{(t)} \times u_{p_5<p_2}^{(t)} \times u_{p_6<p_2}^{(t)} \tag{6.31}$$

の EAP を計算すると 0.983 となりました．「「友達」は「きょうだい」「先生」「相談しない」「その他」よりも相談される比率が高い」という連言命題が正しい確率は 98.3%であり，95%を超えています．

次に，研究上の問い「「先生」は他の誰よりも相談される比率が低い」を考えてみましょう．生成量

$$u_{p_4<p_1}^{(t)} \times u_{p_4<p_2}^{(t)} \times u_{p_4<p_3}^{(t)} \times u_{p_4<p_5}^{(t)} \times u_{p_4<p_6}^{(t)} \tag{6.32}$$

の EAP は 0.943 でした．積の EAP は，積を計算する前の生成量の EAP の最小値を上回りません．「先生」の比率は，他の 1 つ 1 つのカテゴリとの比較では 95%以上の確信で低いのですが，「「先生」は他の誰よりも相談される比率が低い」という研究仮説が正しい確率は 95%以下でした．

確信確率が一番低い「きょうだい」を除いて，生成量

$$u_{p_4<p_1}^{(t)} \times u_{p_4<p_2}^{(t)} \times u_{p_4<p_5}^{(t)} \times u_{p_4<p_6}^{(t)} \tag{6.33}$$

の EAP を計算すると 0.967 となりました．確信確率が 2 番目に低い「その他」を除いて，生成量

$$u^{(t)}_{p_4<p_1} \times u^{(t)}_{p_4<p_2} \times u^{(t)}_{p_4<p_3} \times u^{(t)}_{p_4<p_5} \tag{6.34}$$

のEAPを計算すると0.966となりました．

最後に「相談しない」の比率を考察します．表6.5の5行目と5列目を観察すると，「きょうだい」「先生」「その他」より比率が高く，「友達」より比率が低いことが観察されます．連言命題が正しい確率は，個々の命題が正しい確率の最小値を上回りませんから，「親」との比較は計算から外します．研究仮説「「相談しない」の比率は，「きょうだい」「先生」「その他」より比率が高く，「友達」より比率が低い」が正しい確率は，生成量

$$u^{(t)}_{p_5<p_2} \times u^{(t)}_{p_3<p_5} \times u^{(t)}_{p_4<p_5} \times u^{(t)}_{p_6<p_5} \tag{6.35}$$

のEAPで求まり，計算すると0.976となりました．

6.4 独立したクロス表の推測 (複数の2項分布)

ここではいくつかの独立した2項分布の積として尤度が表現されるカウントデータの分析を学びます．

6.4.1 2×2のクロス表の推測

以下の問題を利用し，2×2のクロス表の推測を行います．

> **法案賛否問題1**：あるアンケート調査で，国会で審議中の法案Aに対する賛否を，男女別に集計したところ，結果は表6.6となりました．母比率の推測をしてください．

表6.6 法案Aに対する賛成と反対の人数

	賛成	反対	計
男性	71	49	120
女性	42	83	125

男性の賛成者数 x_1 は，$n_1 = 120$，母比率 p_1 の2項分布にしたがい，女性の賛成者数 x_2 は，$n_2 = 125$，母比率 p_2 の2項分布にしたがうとします．男性の賛

成者数と女性の賛成者数は，互いに影響し合わず独立に分布しますから，データ $\boldsymbol{x} = (x_1, x_2) = (71.42)$，母数 $\boldsymbol{\theta} = (p_1, p_2)$ の尤度は，2つの2項分布の積

$$f(\boldsymbol{x}|\boldsymbol{\theta}) = f(x_1, x_2|p_1, p_2) = f(x_1|p_1) \times f(x_2|p_2) \tag{6.36}$$

です．

事前分布 $f(p_1), f(p_2)$ としては，確率の定義域に対する区間 $[0,1]$ の一様分布を仮定し，同時事前分布を

$$f(\boldsymbol{\theta}) = f(p_1) \times f(p_2) = 1 \times 1 \tag{6.37}$$

とします．(1.36) 式に相当する事後分布を，

$$f(\boldsymbol{\theta}|\boldsymbol{x}) \propto f(\boldsymbol{x}|\boldsymbol{\theta})f(\boldsymbol{\theta}) = f(\boldsymbol{x}|\boldsymbol{\theta}) \tag{6.38}$$

と導き，MCMC で母数の事後分布を近似します．

● **6.4.2 比率の差・比率の比・オッズ比 (生成量)**

独立した 2×2 のクロス表を分析する際に有効な生成量を3つ挙げましょう．1つは，2つの集団の正反応の比率の差

$$p_1 - p_2 \tag{6.39}$$

です．先の例では，男性と女性の法案 A に対する賛成率の差です．差を考察することによって2つの集団の性質の違いを考察します．比率の差[*4] は直観的にわかりやすく，重要な指標です．

ただし比率の差だけでは，2つの集団の性質の違いを考察するのには不十分です．たとえば $p_1 - p_2 = 0.51 - 0.50 = 0.01$ であり，$p_1 - p_2 = 0.02 - 0.01 = 0.01$ であるような場合を考えてみましょう．両者は差という観点からは同じですが，かなり状況は異なります．ある意味で，前者はほとんど変わらない状況，後者はまったく違う状況とも言えるでしょう．そこで比率の比[*5]

$$p_1/p_2 \tag{6.40}$$

を併用します．これなら $p_1/p_2 = 0.51/0.50 = 1.02$ であり，$p_1/p_2 = 0.02/0.01 =$

[*4] 比率の差のことをリスク差 (risk difference) ということもあります．
[*5] 比率の比のことをリスク比 (risk ratio) ということもあります．

2.00 ですから，両者の違いが鮮明です．

同様にオッズの比である**オッズ比** (odds ratio)

$$\frac{p_1/(1-p_1)}{p_2/(1-p_2)} = p_1(1-p_2)/p_2(1-p_1) \tag{6.41}$$

を併用することも有用です．オッズ比は「正反応は他方の反応の何倍生じやすいかの比」です．

これらは生成量

$$p_1^{(t)} - p_2^{(t)}, \qquad p_1^{(t)}/p_2^{(t)}, \qquad p_1^{(t)}(1-p_2^{(t)})/p_2^{(t)}(1-p_1^{(t)}) \tag{6.42}$$

によって，それぞれの事後分布を近似できます．

図 6.3 の左図に比率の差の事後分布を，右図に比率の比の事後分布を示します．表 6.7 の上部に「法案賛否問題」の母数の事後分布の数値要約を示しました．男性の賛成率は $0.590(0.044)[0.502, 0.676]$ であり，女性の賛成率は $0.339(0.042)[0.260,$

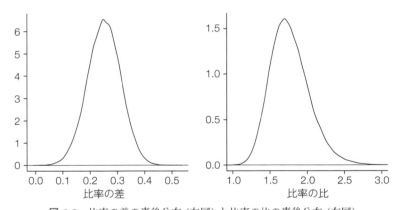

図 6.3 比率の差の事後分布 (左図) と比率の比の事後分布 (右図)

表 6.7 「法案賛否問題」の母数と生成量の事後分布の数値要約

	EAP	post.sd	2.5%	5%	50%	95%	97.5%
p_1	0.590	0.044	0.502	0.516	0.591	0.662	0.676
p_2	0.339	0.042	0.260	0.271	0.338	0.409	0.423
比率の差	0.251	0.061	0.130	0.150	0.252	0.351	0.369
比率の比	1.770	0.262	1.325	1.383	1.745	2.237	2.353
$Odds_1$	1.469	0.276	1.006	1.067	1.442	1.962	2.082
$Odds_2$	0.518	0.098	0.351	0.372	0.510	0.693	0.734
オッズ比	2.937	0.794	1.696	1.841	2.830	4.395	4.791

0.423] です.

表 6.7 の下部に「法案賛否問題」の生成量の事後分布の数値要約を示しました. 比率の差は 0.251(0.061)[0.130, 0.369] であり, 比率の比は 1.770(0.262)[1.325, 2.353] であり, 男性は女性の 1.8 倍です.

比率の差が 0.1 より大きいときに値 1 となり, そうでないときに値 0 となる生成量 $U_{p_1-p_2>0.1}$ の EAP は 0.993 であり, 「男性の賛成率と女性の賛成率の差は 0.1 より大きい」という研究仮説は 99.3% の確信で受容されます.

比率の比が 1.5 より大きいときに値 1 となり, そうでないときに値 0 となる生成量 $U_{p_1/p_2>1.5}$ の EAP は 0.857 であり, 「男性の賛成率は女性の賛成率よりも 1.5 倍より高い」という研究仮説は 85.7% の確信で受容されます.

● 6.4.3　$g \times 2$ のクロス表の推測

以下の問題を利用し, $g \times 2$ のクロス表の推測を行います.

> デート経験問題: あるアンケート調査で, 異性と 2 人でデートを経験したことがあるかを, 中学生・高校生・大学生・社会人別に集計したところ, 結果は表 6.8 となりました. 母比率の推測・比較をしてください.

表 6.8　異性とのデートの経験

	あり	なし	計
中学生	38	63	101
高校生	51	48	99
大学生	66	34	100
社会人	79	23	102

独立した g 群 (この場合は $g=4$) の正反応数 $x_i (i=1,\cdots,g)$ が, 試行数 n_i, 母比率 p_i の 2 項分布にしたがうとします. データ $\boldsymbol{x} = (x_1, \cdots, x_g)$, 母数 $\boldsymbol{\theta} = (p_1, \cdots, p_g)$ の尤度は, g 個の 2 項分布の積

$$f(\boldsymbol{x}|\boldsymbol{\theta}) = f(x_1,\cdots,x_g|p_1,\cdots,p_g) = f(x_1|p_1) \times \cdots \times f(x_g|p_g) \quad (6.43)$$

です.

事前分布 $f(p_1), \cdots, f(p_g)$ としては, 確率の定義域に対する区間 $[0,1]$ の一様分布を仮定し, 同時事前分布を

$$f(\boldsymbol{\theta}) = f(p_1) \times \cdots \times f(p_g) \tag{6.44}$$

と仮定します．(1.36) 式に相当する事後分布を，

$$f(\boldsymbol{\theta}|\boldsymbol{x}) \propto f(\boldsymbol{x}|\boldsymbol{\theta})f(\boldsymbol{\theta}) \tag{6.45}$$

と導き，MCMC で母数の事後分布を近似します．

表 6.9 に「デート経験問題」の母数の事後分布の数値要約を示しました．中学生 p_1 は $0.378(0.048)[0.286, 0.474]$ であり，高校生 p_2 は $0.515(0.050)[0.417, 0.612]$ であり，大学生 p_3 は $0.657(0.047)[0.562, 0.745]$ であり，社会人 p_4 は $0.769(0.041)[0.683, 0.845]$ です．となりあう年代の 95％確信区間は，重複する区間を持ちます．95％以上の確信で差があるとはいえないのでしょうか．いいえ，必ずしもそうとは限りません．

表 6.9 「デート経験問題」の母数の事後分布の数値要約

	EAP	post.sd	2.5%	5%	50%	95%	97.5%
p_1(中学生)	0.378	0.048	0.286	0.300	0.378	0.458	0.474
p_2(高校生)	0.515	0.050	0.417	0.433	0.515	0.596	0.612
p_3(大学生)	0.657	0.047	0.562	0.578	0.658	0.732	0.745
p_4(社会人)	0.769	0.041	0.683	0.698	0.771	0.835	0.845

p_i が p_j より大きいときに値 1 となり，そうでないときに値 0 となる生成量 $U_{p_i > p_j}$ の EAP を表 6.10 の i 行 j 列のセルに示しました．ここを見ると，中学生は高校生より 97.5％の確信で，高校生は大学生より 98.1％の確信で，大学生は社会人より 96.4％の確信で，比率が小さいといえます．この結果は，それぞれの比率の 95％確信区間からの知見と矛盾するものではありません．

● **6.4.4　連言命題が正しい確率**

表 6.10 の確率は，2 つのカテゴリの大小比較の確率としては，そのまま解釈可能です．ただし複数の比較が同時に成り立つ確率とは異なります．

表 6.10 行 i のカテゴリが列 j のカテゴリより比率が大きい確率

	p_1	p_2	p_3	p_4
p_1 (中学生)	0.000	0.025	0.000	0.000
p_2 (高校生)	0.975	0.000	0.019	0.000
p_3 (大学生)	1.000	0.981	0.000	0.036
p_4 (社会人)	1.000	1.000	0.964	0.000

研究上の問い「デートの経験比率は年代とともに上昇する」が正しい確率を求めてみましょう．この **RQ.** が真のときには 1 を，偽のときには 0 をとる生成量

$$u_{p_1<p_2}^{(t)} \times u_{p_2<p_3}^{(t)} \times u_{p_3<p_4}^{(t)} \tag{6.46}$$

の EAP が求めたい確率となります．確率は 0.921 になりました．この確率は，積を計算する前の生成量の EAP の最小値を上回りません．1 つ 1 つはすべて 0.95 以上であっても，すべてが 1 のときに初めて 1 となる連言命題で表現された研究仮説 $U_{p_1<p_2<p_3<p_4}$ が正しい確率は 0.95 を下回ることもあります．

すこし条件を緩めて研究上の問い「デートの経験比率は年代とともに上昇するが，大学生と社会人の差は問わない」が正しい確率を求めてみましょう．この **RQ.** が真のときには 1 を，偽のときには 0 をとる生成量

$$u_{p_1<p_2}^{(t)} \times u_{p_2<p_3}^{(t)} \times u_{p_2<p_4}^{(t)} \tag{6.47}$$

の EAP が求めたい確率となります．確率は 0.956 になり，95％以上の確信で主張できます．

最後に，研究上の問い「中学生はどの年代よりもデートの経験比率が低い」が正しい確率を求めてみましょう．この **RQ.** が真のときには 1 を，偽のときには 0 をとる生成量

$$u_{p_1<p_2}^{(t)} \times u_{p_1<p_3}^{(t)} \times u_{p_1<p_4}^{(t)} \tag{6.48}$$

の EAP が求めたい確率となります．確率は 0.975 になり，この **RQ.** の正しさは 97.5％の確信で主張できます．

● 6.5 対応あるクロス表の推測 (1 つの多項分布に構造が入る) ●

ここでは 1 つの標本から 2 回の測定が行われたカウントデータを分析するための多項分布モデルを学びます．

● 6.5.1 2 × 2 のクロス表の推測
以下の問題を利用し，対応ある 2 × 2 のクロス表の推測を行います．

法案賛否問題 2：あるアンケート調査で，法案 A に対する賛否と法案 B に対する賛否とを集計したところ，結果は表 6.11 となりました．2 つの回答における賛否の関係を分析してください．

表 6.11　2 つの法案への賛否のクロス表

	B 賛成	B 反対	計
A 賛成	55	16	71
A 反対	14	35	49
計	69	51	120

このクロス表はサイズが 2×2 ということで，一見すると表 6.6 に似ています．しかし表 6.6 が男女別に集計されているのに対して，表 6.11 は，男女込みにした $n = 120$ 人のデータを集計しています．この場合は一人の回答者に 2 つの質問をしていますから賛否に対するデータは互いに独立ではなく，第 5 章に登場した対応あるデータとなります．

表 6.12 に，対応がある 2×2 のクロス表[*6)]のデータの形式を示しました．x_{ij} は，変数 A のカテゴリが i で，かつ変数 B のカテゴリが j の観測度数です．**同時度数** (joint frequency) といいます．たとえば，さきの例では $x_{12} = 16$ であり，法案 A に賛成し，法案 B に反対した人数です．

$x_{\cdot j}$ は変数 B のカテゴリが j の観測度数です．たとえば $x_{\cdot 2} = 51$ であり，法案 B に反対した人数です．$x_{i \cdot}$ は変数 A のカテゴリが i の観測度数です．たとえば

表 6.12　対応ある 2×2 のクロス表

	B_1	B_2	計
A_1	x_{11}	x_{12}	$x_{1\cdot}$
A_2	x_{21}	x_{22}	$x_{2\cdot}$
計	$x_{\cdot 1}$	$x_{\cdot 2}$	n

[*6)] 多項分布を使うか，2 項分布の積を使うかという選択には，常に確実な正解があるとは限りません．表 6.11 に多項分布を使用することには，異論が出にくいでしょう．しかし，たとえば 2 項分布の積を利用した表 6.6 に関しては，多項分布で表現することも可能です．2 項分布の積を利用するということは，賛否の人数が確率変数であり，男性と女性の人数は固定された定数とみるということです．それに対して調査票を 245 枚 (= 120 + 125) 収集したところ，「たまたま 120 人いた男性のうち賛成が 71 人で，たまたま 125 人いた女性のうち反対が 83 人であった」のように，賛否の人数ばかりでなく，性別も確率変数であるとみなすことも不可能ではありません．この場合は表 6.6 と同じように多項分布を利用した分析も可能です．

6.5 対応あるクロス表の推測 (1つの多項分布に構造が入る)

表 6.13 出現確率の母比率

	B_1	B_2	計
A_1	p_{11}	p_{12}	$p_{1.}$
A_2	p_{21}	p_{22}	$p_{2.}$
計	$p_{.1}$	$p_{.2}$	1.0

表 6.14 2つの法案への賛否の標本比率

	B 賛成	B 反対	計
A 賛成	0.458	0.133	0.592
A 反対	0.117	0.292	0.408
計	0.575	0.425	1.000

$x_{1.} = 71$ であり，法案 A に賛成した人数です．$x_{i.}$ や $x_{.j}$ を**周辺度数** (marginal frequency) といいます．同時変数と周辺度数には

$$x_{.j} = x_{1j} + x_{2j}, \quad x_{i.} = x_{i1} + x_{i2}, \tag{6.49}$$

$$n = x_{1.} + x_{2.} = x_{.1} + x_{.2} = x_{11} + x_{21} + x_{12} + x_{22} \tag{6.50}$$

などの性質があります．

表 6.13 に，対応がある 2×2 のクロス表の母比率の形式を示しました．また表 6.14 に，データから計算した標本比率を示しました．**標本比率**は，セル度数をデータ数で割って計算します．

p_{ij} は，変数 A のカテゴリが i で，かつ変数 B のカテゴリが j の母比率です．**同時確率** (joint probability) といいます．たとえば先のデータで p_{11} は，法案 A に賛成と回答し，法案 B に賛成と回答する母比率です．これに対する標本比率は $0.458 (= 55/120)$ です．

$p_{.j}$ は，変数 B のカテゴリが j の母比率です．たとえば $p_{.2}$ は法案 B に反対と回答する母比率です．これに対する標本比率は 0.425 $(= 51/120)$ です．$p_{i.}$ は，変数 A のカテゴリが i の母比率です．たとえば $p_{1.}$ は法案 A に賛成と回答する母比率です．これに対する標本比率は 0.592 $(= 71/120)$ です．$p_{i.}$ や $p_{.j}$ を**周辺確率** (marginal probability) といいます．同時確率と周辺確率には

$$p_{.j} = p_{1j} + p_{2j}, \quad p_{i.} = p_{i1} + p_{i2}, \tag{6.51}$$

$$1.0 = p_{1.} + p_{2.} = p_{.1} + p_{.2} = p_{11} + p_{21} + p_{12} + p_{22} \tag{6.52}$$

などの性質があります．

データ $\boldsymbol{x} = (x_{11}, x_{12}, x_{21}, x_{22})$，母数 $\boldsymbol{p} = (p_{11}, p_{12}, p_{21}, p_{22})$ の尤度は，多項分布

$$f(\boldsymbol{x}|\boldsymbol{p}) = f(x_{11}, x_{12}, x_{21}, x_{22} \mid p_{11}, p_{12}, p_{21}, p_{22}) \tag{6.53}$$

で表現できます．事前分布としては，確率の定義域に対する一様分布を利用する

のですが，(6.18) 式の制約 (直接的には (6.52) 式の最左辺と最右辺の制約) を反映させる必要があります．まず p_{ij} の仮の確率の事前分布を

$$\ddot{p}_{ij} \sim U(0,1) \tag{6.54}$$

とし，

$$p_{ij} = \frac{\ddot{p}_{ij}}{\ddot{p}_{11} + \ddot{p}_{12} + \ddot{p}_{21} + \ddot{p}_{22}} \tag{6.55}$$

のように和が 1 となる母数 $\boldsymbol{p} = (p_{11}, p_{12}, p_{21}, p_{22})$ を構成します．$\ddot{p}_i$ から p_i を求めていますから

$$f(\boldsymbol{p}) = f(\ddot{p}_{11}\ddot{p}_{12}\ddot{p}_{21}\ddot{p}_{22}) = f(\ddot{p}_{11}) \times f(\ddot{p}_{12}) \times f(\ddot{p}_{21}) \times f(\ddot{p}_{22}) \tag{6.56}$$

として，(1.36) 式に相当する事後分布を，

$$f(\boldsymbol{p}|\boldsymbol{x}) \propto f(\boldsymbol{x}|\boldsymbol{p})f(\boldsymbol{p}) \tag{6.57}$$

と導き，母数の事後分布と予測分布を MCMC で近似します．表 6.15 に推定結果を示します．

表 6.15 「法案賛否問題 2」の母数の事後分布と予測分布の数値要約

	EAP	post.sd	2.5%	5%	50%	95%	97.5%
p_{11}	0.452	0.045	0.365	0.379	0.451	0.525	0.539
p_{12}	0.137	0.031	0.083	0.090	0.135	0.191	0.202
p_{21}	0.121	0.029	0.070	0.077	0.119	0.172	0.184
p_{22}	0.290	0.041	0.215	0.226	0.289	0.359	0.373
x_{11}^*	54.2	7.6	40	42	54	67	69
x_{12}^*	16.4	5.2	7	8	16	26	28
x_{21}^*	14.5	5.0	6	7	14	23	25
x_{22}^*	34.8	7.0	22	24	35	47	49

● **6.5.2 独立と連関**

表 6.15 の比率の推定値に対して，前節で学んだように比率の差の分析を行うこともできます．しかしここでは，クロス表を構成する 2 つの変数の関係を把握するための別の有用な概念である独立 (independence) と連関 (association) を紹介し，その分析方法を学びます．

変数 A のカテゴリ A_i と変数 B のカテゴリ B_j が独立である状態を

6.5 対応あるクロス表の推測 (1つの多項分布に構造が入る)

$$f(B_j) = f(B_j|A_i) \tag{6.58}$$

と定義します.この定義の意味は,A_i によって条件付けられても,(A_i が観測されても),B_j の分布は変らないということです.第1章で学んだように条件付き確率は $f(B_j|A_i) = f(B_j, A_i)/f(A_i)$ ですから,(6.58) 式は

$$f(A_i, B_j) = f(A_i)f(B_j) \tag{6.59}$$

であり[*7].これを本章の表記に直すと

$$p_{ij} = p_{i.}p_{.j} \tag{6.61}$$

となります.A_i と B_j が独立ならば「同時確率が周辺確率の積で表現される」といい換えることができます.それに対して

$$p_{ij} \neq p_{i.}p_{.j} \tag{6.62}$$

であるとき,A_i と B_j は連関しているといいます.

すべての i,j の組に関して (6.61) 式が成り立っているとき2つの変数は独立であるといいます.少なくとも1つの i,j の組に関して (6.62) 式が成り立っているとき2つの変数は連関しているといいます.

独立なクロス表の例を表 6.16 に示します.このクロス表は,ジョーカーを除いた52枚の1組のトランプを札の「種類」と「色」という2つの変数で分類しています.たとえば「赤札」(ハート・ダイヤ)の「数札」は20枚あり,「黒札」(クラブ・スペード)の「絵札」は6枚あることが示されています.

1枚のカードをでたらめに引いて隠し,それが「赤札」であると宣言しても (条件付けても)「種類」を当てるためのヒントになりません.またそれが「絵札」であると宣言しても (条件付けても)「色」を当てるためのヒントになりません.(6.58)

表 **6.16** トランプのクロス表

	赤札	黒札	計
数札	20	20	40
絵札	6	6	12
計	26	26	52

表 **6.17** トランプのクロス表の確率

	赤札	黒札	計
数札	0.385	0.385	0.770
絵札	0.115	0.115	0.230
計	0.500	0.500	1.000

[*7] (6.59) 式は,次式に変形できますから,(6.58) 式が成り立てば,(6.60) 式も成り立ちます.

$$f(A_i) = f(A_i|B_j) \tag{6.60}$$

式と (6.59) 式は明らかであり，表 6.16 は独立なクロス表であることが実感できます．

表 6.16 の同時確率と周辺確率を示したのが表 6.17 です．

$$0.385 = 0.770 \times 0.500 \tag{6.63}$$
$$0.115 = 0.230 \times 0.500 \tag{6.64}$$

ですから，(6.61) 式が確認できます．

● 6.5.3　ピアソン残差・クラメルの連関係数 (生成量)

カテゴリ A_i とカテゴリ B_j が連関している (非独立である) 状態の程度の指標として，**ピアソン残差** (Pearson's residual)

$$e_{ij} = \frac{p_{ij} - p_{i.}p_{.j}}{\sqrt{p_{i.}p_{.j}}} \tag{6.65}$$

があります．(6.61) 式から明らかなように，ピアソン残差は 2 つのカテゴリが独立のときに 0 となります．ピアソン残差が正のセルは独立な場合より高い比率で観察され，負のセルは独立な場合より低い比率で観察されると解釈します．また絶対値が大きくなるとその傾向が強くなると解釈します．

個々のセルではなく，クロス表全体での連関の程度を示す指標としては**クラメルの連関係数** (Cramer's association coefficient)

$$V = \sqrt{e_{11}^2 + e_{12}^2 + e_{21}^2 + e_{22}^2} \tag{6.66}$$

があります．V は 0 から 1 までの値をとり，値が小さいほど独立 (非連関) の程度が高く，値が大きいほど連関 (非独立) の程度が高いと解釈します．

周辺確率，ピアソン残差，クラメルの連関係数の事後分布は生成量

$$p_{.j}^{(t)} = p_{1j}^{(t)} + p_{2j}^{(t)}, \quad p_{i.}^{(t)} = p_{i1}^{(t)} + p_{i2}^{(t)} \tag{6.67}$$

$$e_{ij}^{(t)} = \frac{p_{ij}^{(t)} - p_{i.}^{(t)}p_{.j}^{(t)}}{\sqrt{p_{i.}^{(t)}p_{.j}^{(t)}}} \tag{6.68}$$

$$V^{(t)} = \sqrt{e_{11}^{2(t)} + e_{12}^{2(t)} + e_{21}^{2(t)} + e_{22}^{2(t)}} \tag{6.69}$$

によって近似します．

表 6.18 にピアソン残差とクラメルの連関係数の事後分布のようすを示します．

表 **6.18** e_{ij}, V の事後分布. トランプ (上)「法案賛否問題 2」(下)

	EAP	post.sd	2.5%	5%	50%	95%	97.5%
e_{11}	0.000	0.047	−0.094	−0.078	0.000	0.076	0.092
e_{12}	0.000	0.047	−0.092	−0.077	0.000	0.078	0.093
e_{21}	0.001	0.079	−0.153	−0.130	0.001	0.131	0.156
e_{22}	0.000	0.079	−0.154	−0.131	−0.001	0.130	0.153
V	0.105	0.077	0.004	0.008	0.090	0.253	0.286
e_{11}	0.197	0.039	0.124	0.135	0.196	0.262	0.275
e_{12}	−0.227	0.040	−0.304	−0.292	−0.228	−0.160	−0.146
e_{21}	−0.235	0.041	−0.312	−0.301	−0.236	−0.166	−0.152
e_{22}	0.272	0.049	0.176	0.192	0.273	0.352	0.367
V	0.470	0.079	0.308	0.336	0.472	0.596	0.617

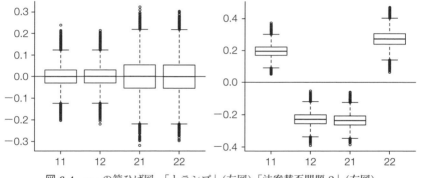

図 **6.4** e_{ij} の箱ひげ図.「トランプ」(左図)「法案賛否問題 2」(右図)

上段が「トランプ」であり，下段が「法案賛否問題 2」です．図 6.4 にピアソン残差の箱ひげ図を示しました．上段が「トランプ」であり，下段が「法案賛否問題 2」です．

「トランプ」のピアソン残差の EAP は，ほぼ 0 であり，箱ひげ図を観察すると 0 を中心に分布していることがわかります．それに対して「法案賛否問題 2」のピアソン残差はすべて 0 から離れて分布しています．

「法案賛否問題 2」では e_{11} と e_{22} は正の領域で分布しています．法案 A に賛成した人は法案 B にも賛成する確率が高く，法案 A に反対した人は法案 B にも反対する確率が高い[*8)]ということです．

また e_{12} と e_{21} は負の領域で分布しています．法案 A に賛成した人は法案 B に反対する確率が低く，法案 A に反対した人は法案 B に賛成する確率が低いと解

[*8)] 法案 A と B には類似した法学的・政治的意図が示唆されるかもしれません．

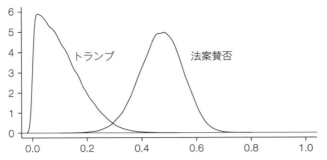

図 6.5 クラメルの連関係数の事後分布.「トランプ」(左)「法案賛否問題 2」(右)

釈します.

$e_{ij} > 0$ のときに値 1 をとり,そうでないときに 0 をとる生成量 $U_{e_{ij}>0}$ の EAP,あるいは $U_{e_{ij}<0}$ の EAP の大きいほうは,セル ij が連関している確率として解釈できます.ただし上述の 2 つのクロス表は,計算する前から結果が明らかです.そこでセルが連関している確率の計算は,次の分析例で示します.

図 6.5 にクラメルの連関係数の事後分布を示しました.「トランプ」は 0.105(0.077)[0.004, 0.286] です.V は 2 乗した値の和の平方根ですから,正確に独立したクロス表から計算しても,ある程度の大きさになります.ただし連関している「法案賛否問題 2」の事後分布は 0.470(0.079)[0.308, 0.617] であり,右に位置していることが観察されます.

● 6.5.4 $a \times b$ のクロス表の推測

以下の問題を利用し,$a \times b$ のクロス表の推測を行います.

> ワイン選択問題:あるレストランでメインの「料理」(子牛ロースト,パスタゴルゴンゾーラ,舌平目ムニエル) に対して客がどんな「ワイン」(赤,ロゼ,白) を選んだのかを集計しました.結果は表 6.19 となりました.「料理」と「ワイン」の連関を分析して下さい.

表 6.20 に,対応ある $a \times b$ のクロス表の一般的表記を示しました.「ワイン選択問題」では $a = 3, b = 3$ となります.表 6.21 に,$a \times b$ のクロス表の母比率の一般的表記を示しました.

6.5 対応あるクロス表の推測 (1つの多項分布に構造が入る)

表 6.19 メインディシュに選ばれたワイン

	子牛	パスタ	舌平目	計
赤	19	12	6	37
ロゼ	8	8	4	20
白	15	19	18	52
計	42	39	28	109

表 6.20 対応ある $a \times b$ のクロス表

	B_1	$\cdots$	B_j	$\cdots$	B_b	計
A_1	x_{11}	$\cdots$	x_{1j}		x_{1b}	$x_{1.}$
$\vdots$	$\vdots$		$\vdots$		$\vdots$	$\vdots$
A_i	x_{i1}		x_{ij}	$\cdots$	x_{ib}	$x_{i.}$
$\vdots$	$\vdots$		$\vdots$		$\vdots$	$\vdots$
A_a	x_{a1}	$\cdots$	x_{aj}		x_{ab}	$x_{a.}$
計	$x_{.1}$	$\cdots$	$x_{.j}$	$\cdots$	$x_{.b}$	n

表 6.21 $a \times b$ のクロス表の母比率

	B_1	$\cdots$	B_j	$\cdots$	B_b	計
A_1	p_{11}	$\cdots$	p_{1j}		p_{1b}	$p_{1.}$
$\vdots$	$\vdots$		$\vdots$		$\vdots$	$\vdots$
A_i	p_{i1}		p_{ij}	$\cdots$	p_{ib}	$p_{i.}$
$\vdots$	$\vdots$		$\vdots$		$\vdots$	$\vdots$
A_a	p_{a1}	$\cdots$	p_{aj}		p_{ab}	$p_{a.}$
計	$p_{.1}$	$\cdots$	$p_{.j}$	$\cdots$	$p_{.b}$	1.0

同時度数と周辺度数には

$$x_{.j} = x_{1j} + \cdots + x_{aj}, \quad x_{i.} = x_{i1} + \cdots + x_{ib}, \tag{6.70}$$

$$n = x_{1.} + \cdots + x_{a.} = x_{.1} + \cdots + x_{.b} \tag{6.71}$$

などの性質があります.また同時確率と周辺確率には

$$p_{.j} = p_{1j} + \cdots + p_{aj}, \quad p_{i.} = p_{i1} + \cdots + p_{ib}, \tag{6.72}$$

$$1.0 = p_{1.} + \cdots + p_{a.} = p_{.1} + \cdots + p_{.b} \tag{6.73}$$

などの性質があります.

表 6.20 と表 6.21 の 2 つ添え字のついた x_{ij} と p_{ij} をすべて拾いだし,データと母数を,それぞれ

$$\boldsymbol{x} = (x_{11} \cdots x_{1j} \cdots x_{1b} \cdots x_{i1} \cdots x_{ij} \cdots x_{ib} \cdots x_{a1} \cdots x_{aj} \cdots x_{ab}) \tag{6.74}$$

$$\boldsymbol{p} = (p_{11} \cdots p_{1j} \cdots p_{1b} \cdots p_{i1} \cdots p_{ij} \cdots p_{ib} \cdots p_{a1} \cdots p_{aj} \cdots p_{ab}) \tag{6.75}$$

と表記したとき,母数の尤度は多項分布

$$f(\boldsymbol{x}|\boldsymbol{p}) \tag{6.76}$$

で表現されます.

事前分布としては,確率の定義域に対する一様分布を利用するのですが,$\boldsymbol{p}$ の

要素の総和を 1 に制約する必要があります．まず p_{ij} の仮の確率の事前分布を

$$\ddot{p}_{ij} \sim U(0,1) \tag{6.77}$$

とし，

$$p_{ij} = \frac{\ddot{p}_{ij}}{\ddot{p}_{11} + \cdots + \ddot{p}_{1j} + \cdots\cdots + \ddot{p}_{ij} + \cdots\cdots + \ddot{p}_{aj} + \cdots + \ddot{p}_{ab}} \tag{6.78}$$

のように和が 1 となる母数 $\boldsymbol{p}$ を構成します．$\ddot{p}_i$ から p_i を求めていますから，同時事前分布 $f(\boldsymbol{p})$ は，$a \times b$ 個の一様分布 $f(\ddot{p}_{ij})$ の総積として，(1.36) 式に相当する事後分布を，

$$f(\boldsymbol{p}|\boldsymbol{x}) \propto f(\boldsymbol{x}|\boldsymbol{p})f(\boldsymbol{p}) \tag{6.79}$$

と導きます．

表 6.22 に「ワイン選択問題」の母数の事後分布と予測分布を示します．また表 6.23 にクラメルの連関係数と周辺確率の事後分布を示します．ただし $a \times b$ のクロス表のクラメルの連関係数は

$$V = \sqrt{\frac{e_{11}^2 + \cdots + e_{1j}^2 + \cdots + e_{1b}^2 + \cdots + e_{a1}^2 + \cdots + e_{aj}^2 + \cdots + e_{ab}^2}{\min(a,b) - 1}} \tag{6.80}$$

表 6.22 「ワイン選択問題」の母数の事後分布と予測分布

	EAP	post.sd	2.5%	5%	50%	95%	97.5%
p_{11}	0.170	0.035	0.108	0.116	0.168	0.229	0.242
p_{12}	0.110	0.029	0.060	0.067	0.108	0.161	0.172
p_{13}	0.059	0.022	0.024	0.028	0.057	0.099	0.108
p_{21}	0.076	0.024	0.036	0.041	0.074	0.120	0.130
p_{22}	0.076	0.024	0.036	0.040	0.074	0.120	0.131
p_{23}	0.042	0.019	0.014	0.017	0.040	0.077	0.086
p_{31}	0.135	0.032	0.080	0.087	0.134	0.191	0.203
p_{32}	0.170	0.035	0.107	0.116	0.168	0.230	0.242
p_{33}	0.161	0.034	0.101	0.109	0.159	0.220	0.233
	EAP	sd	2.5%	5%	50%	95%	97.5%
x_{11}^*	18.5	5.4	9	10	18	28	30
x_{12}^*	12.0	4.5	4	5	12	20	22
x_{13}^*	6.5	3.4	1	2	6	13	14
x_{21}^*	8.3	3.8	2	3	8	15	17
x_{22}^*	8.3	3.8	2	3	8	15	17
x_{23}^*	4.6	2.9	0	1	4	10	12
x_{31}^*	14.8	5.0	6	7	14	24	25
x_{32}^*	18.5	5.4	9	10	18	28	30
x_{33}^*	17.5	5.3	8	9	17	27	29

6.5 対応あるクロス表の推測 (1つの多項分布に構造が入る)   161

表 6.23 「ワイン選択問題」のクラメルの連関係数と周辺確率の事後分布

	EAP	post.sd	2.5%	5%	50%	95%	97.5%
V	0.191	0.055	0.087	0.102	0.191	0.282	0.300
$p_{1.}$	0.339	0.044	0.256	0.269	0.338	0.413	0.427
$p_{2.}$	0.195	0.036	0.129	0.138	0.193	0.258	0.271
$p_{3.}$	0.466	0.046	0.377	0.391	0.466	0.542	0.557
$p_{.1}$	0.381	0.045	0.296	0.309	0.381	0.456	0.470
$p_{.2}$	0.356	0.044	0.272	0.285	0.355	0.429	0.444
$p_{.3}$	0.263	0.041	0.188	0.199	0.261	0.332	0.347

で計算します.分子はすべての e_{ij}^2 の和であり,分母は a か b の小さいほうから,1を減じた値です.この場合は $a=b=3$ ですから,2で割ります.クラメルの連関係数が0と1の間に収まり,サイズの異なるクロス表の連関の程度が比較できるようにするための工夫が分母の $\min(a,b)-1$ です.先述した $a \times 2$ のクロス表の場合は1で割るので省略しました.クラメルの連関係数 0.191(0.055)[0.087, 0.300] であり,連関の程度は「トランプ」と「法案賛否問題2」の間です.

「ワイン」の周辺確率は,「赤」が 0.339(0.044)[0.256, 0.427],「ロゼ」が 0.195(0.036)[0.129, 0.271],「白」が 0.466(0.046)[0.377, 0.557] であり,「白」「赤」「ロゼ」の順に選ばれています.「料理」の周辺確率より,「子牛」「パスタ」「舌平目」の順に選ばれていることがわかります.

図 6.6 にピアソン残差 e_{ij} の箱ひげ図を示しました.e_{11} と e_{33} が正の領域で分布していること,e_{13} と e_{31} が負の領域で分布していることがわかります.

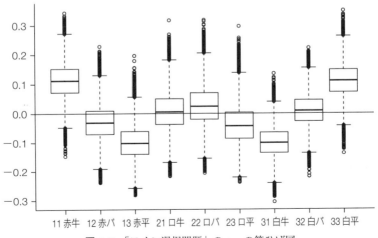

図 6.6 「ワイン選択問題」の e_{ij} の箱ひげ図

表 6.24　ピアソン残差が $e_{ij} > 0$(左), $e_{ij} < 0$(右) の確率

$e > 0$	子牛	パスタ	舌平目	$0 > e$	子牛	パスタ	舌平目
赤	**0.971**	0.301	0.050	赤	0.029	0.699	**0.950**
ロゼ	0.534	0.643	0.267	ロゼ	0.466	0.357	0.733
白	0.028	0.566	**0.973**	白	**0.972**	0.434	0.027

表 6.24 にピアソン残差が正である確率 (左) と負である確率 (右) を示しました. 0.95 以上のセルを太字で示しています.

「子牛」料理を選んだ客は「赤」を選び「白」は避けること,「舌平目」料理を選んだ客は「白」を選び「赤」は避けることが見てとれます.

● **6.5.5　連言命題が正しい確率**

表 6.24 の確率は, 2 つのカテゴリの大小比較の確率としては, そのまま解釈可能です. ただし複数の比較が同時に成り立つ確率とは異なります.

研究上の問い「「子牛」料理を選んだ客は「赤」を選び「白」は避け,「舌平目」料理を選んだ客は「白」を選び「赤」は避ける」が同時に正しい確率を求めてみましょう. この **RQ.** が真のときには 1 を, 偽のときには 0 をとる生成量

$$u^{(t)}_{e_{11}>0} \times u^{(t)}_{e_{33}>0} \times u^{(t)}_{e_{31}<0} \times u^{(t)}_{e_{13}<0} \tag{6.81}$$

の EAP が求めたい確率となります. 確率は 0.899 になりました. この確率は, 積を計算する前の生成量の EAP の最小値を上回りませんが, 相当に低くなっています.

では条件を緩めて, 研究上の問い「「子牛」料理を選んだ客は「赤」を選び「白」は避け,「舌平目」料理を選んだ客は「白」を選ぶ」が同時に正しい確率を求めてみましょう. この **RQ.** が真のときには 1 を, 偽のときには 0 をとる生成量

$$u^{(t)}_{e_{11}>0} \times u^{(t)}_{e_{33}>0} \times u^{(t)}_{e_{31}<0} \tag{6.82}$$

の EAP が求めたい確率となります. 確率は 0.931 になりました. だいぶ確信が強まってきました.

さらに条件を緩めて研究上の問い「「子牛」料理を選んだ客は「赤」を選び,「舌平目」料理を選んだ客は「白」を選ぶ」が同時に正しい確率を求めてみましょう. この **RQ.** が真のときには 1 を, 偽のときには 0 をとる生成量

$$u^{(t)}_{e_{11}>0} \times u^{(t)}_{e_{33}>0} \tag{6.83}$$

の EAP が求めたい確率となります. 確率は 0.947 になりました.

6.6 章末問題

1) 表が出る確率が 0.5 のコインを 5 回投げて，3 回表が出る確率を 2 項分布を使って求めなさい．
2) グー・チョキ・パーがそれぞれ 0.3, 0.3, 0.4 の確率で出ることがわかっている乱数発生器が 5 台ある．この乱数発生器が同時にジャンケンの手を出したとき，グー・チョキ・パーが，それぞれ 2 回，2 回，1 回出る確率を多項分布を使って求めなさい．
3) あるコインを 100 回投げたところ 55 回表が出ました．表が出る比率が 0.5 より大きい確率を求めなさい．
4) 表 6.25 と表 6.26 の比率の差を推測しなさい．

表 6.25 高校生の相談相手 (人数)

カテゴリ	親	友達	きょうだい	先生	相談しない	その他	計
人数	30	12	4	20	22	8	96

表 6.26 治療法 A と治療法 B の効果の比較

	効果あり	効果なし	計
治療法 A	90	25	115
治療法 B	78	39	117

5) 表 6.27 と表 6.28 のクロス表の連関について推測しなさい．

表 6.27 商品 A の広告効果

	非購入	購入	計
CM を見た	33	18	51
CM は未見	84	23	107
計	117	41	計

表 6.28 レストラン A に 2 回来店した客が注文したワイン

1 回目 — 2 回目	赤	ロゼ	白	計
赤	13	6	21	40
ロゼ	7	17	7	31
白	13	6	13	32
計	33	29	41	103

Q & A

■ ■ ■

Q1　有意性検定をなぜ使わないのですか？

この本の多くの章は有意性検定のオルタナティヴとして書かれていますが，なぜ有意性検定を使わないのでしょう．

統計的有意性検定には問題点が多いからです．その問題点は最終的に p 値に集約されます．**p 値** (p-value) とは「帰無仮説が正しいと仮定したときに，手元のデータから計算した検定統計量が，今以上に甚だしい値をとる確率」です．この確率が小さい場合に「帰無仮説が正しくかつ確率的に起きにくいことが起きたと考えるのではなく，帰無仮説は間違っていた」と判定します．これが帰無仮説の**棄却** (rejection) です．

しかし帰無仮説は，偽であることが初めから明白です．それを無理に真と仮定することによって，検定の論理は複雑で抽象的になります．たとえば 2 群の平均値の差の検定における帰無仮説は「2 群の母平均が等しい ($\mu_1 = \mu_2$)」というものです．しかし異なる 2 つの群の母平均が，小数点以下を正確に評価して，それでもなお等しいということは科学的にありえません．帰無仮説は偽であることが出発点から明らかであり，これから検討しようとすることが既に明らかであるような論理構成は自然な思考にはなじみません．p 値には理論的誤りはありませんが，どだいありえないことを前提として導いた確率なので，確率なのに抽象的で実感が持てません．このことが p 値の一番の弊害です．

有意水準として 5%，1% のような基準を紋切り型に決めることは，それ自体が誤りです．差の大小と p 値との関係は，データの数に強く依存しているからです．たとえば μ_1 と μ_2 の間に実質的な大きな差があっても，n が小さい場合には，有意になりにくい性質が p 値にはあります．逆に μ_1 と μ_2 の間に微小で無意味な差しかなくとも，n が大きい場合には，有意になりやすい性質が p 値にはあります．学術的な差の実感と p 値の小ささは連動しません．

例外的に，いつも同じ程度のデータ数で有意性検定をしている分析者だけには，

p 値が実感に連動するように感じられます．しかしそれは自己完結した幻です．もっとたくさんのデータを，あるいは少ないデータを取る習慣を持つ分析者と共通認識を持てないからです．たとえば p 値が 0.049 であったとしましょう．この確率は「起きにくい」という文脈で「小さいのか大きいのか」と，そもそも問えるのでしょうか．問えません．「それはデータの数に依存するし，実質科学における差の実感に依存するので決められません」と答えるのが正解です．したがって本来 p 値だけを報告することは誤りです．

以上の諸事情を引きずり，「有意にならないからといって，差がないとは積極的にいえない」とか「有意になっても，n が大きい場合には意味のある差とは限らない」とか，いろいろな言い訳しながら有意性検定をこれまで使用してきたのです．しかし，これらの問題点はベイズ的アプローチによって解消されます．

Q2　有意か否かだけで話が済んだほうが楽です

> 有意性検定なら，結果が白黒はっきりつくので楽です．5%で有意なら差があると認められ，異論がでません．査読をする場合も「有意なら差がある，そうでなければ差が示されていない．」と自動的に判断でき，単純明快です．「差がある確率が 93%」などと論文に書いても，査読者が認めてくれるかどうかわかりません．査読する場合も判断が大変そうです．きっちりとした判断の分かれ目の確率があると助かります．また基準点を決める客観的な規準もなく，使用するのが大変なのではありませんか．

さきの質問の回答で述べましたが，そもそも機械的に「5%で有意なら差があると自動的に判定すること」自体が誤りですから，それは誤った単純明快さです．自動的に差の有無が判定可能であるという (誤った) 単純明快さのために，無駄に多数の有意性検定が論文中にあふれてしまうという弊害が起きるのです．

差があるか否かという，実質科学的判定を，純粋に統計学の範囲内で済ませようという考え方は根本的に誤っています．判定のための客観的な材料を提供するのが統計学の役割であり，同時に統計学の役割はここまでです．判定の主役はドメイン知識を持った専門家であるべきです．それをしなかったのは，p 値が，解釈の困難な抽象的な確率だったためです．実感を伴わない確率だから，5%とか，1%とか，根拠のない数値 (有意水準) を定めたのです．逆にいうならば，有意水

準は誰も実感の持てない抽象的な確率だったからこそ，基準を決めても，不幸なことに異論が出なかったのです．

ではどうしたらよいのでしょうか．ベイズ的推測を行い，p 値ではなく実感の持てる研究仮説が正しい確率を直接計算しましょう．たとえば「研究仮説：$\mu_1 > \mu_2$」が正しい確率を示します．ここまでが統計学の仕事です．仮にその確率が 55% だとしても，製造価格が格段に安い新薬の成績なら，可能性を開く端緒の論文として採用すべきかもしれません．1.5 倍の強度の必要な原発の隔壁の材料なら「研究仮説：$\mu_1 > \mu_2$」が 99.999% 正しくても不十分です．この場合は「研究仮説：$1.5 \times \mu_1 > \mu_2$」が正しい確率を計算しなおし，その確率の大きさをリスク管理の専門家が評価すべきです．その確率の評価を統計学者がすることは困難です．

有意性検定の 5% は実感として解釈することが困難な抽象的な確率です．それに対して，ベイズ統計学が提示する確率は (研究仮説が正しい確率をはじめとして) 直観的に解釈できる具体的な確率です．このため非統計学者である専門家がドメイン知識を利用して判定をすることが可能です．逆にドメイン知識を持たない統計学者には判定できないし，してはいけないし，望んでもいません．機械的に誰でも判定できるこれまでの状態こそ間違っていたのです．

5% とか，1% とかの紋切り型の基準がないと査読は大変になります．それでもなお，実感の伴った差や確率を，ドメイン知識を有するレフリーが 1 つ 1 つ丁寧に評価し，論文の採否を決定すべきです．それが統計学と実質科学の正しい関係です．実質科学に貢献する統計学のあり方です．

「0 以上の差が有るか無いか」という関心は，適用領域に寄らずにオールマイティに設定できる研究上の問いであり，便利です．しかし得られる情報価値はさほど高くない傾向があります．マニュアルより 1 g 軽くても，100 点満点の試験で 1 点高くても，10 g 痩せられても，実質科学的にはたぶん無価値な差でしょう．マニュアルの記述・配点・日常の観察など，固有技術的なドメイン知識に基づいて基準点を決めて，差の価値を評価することにより，はじめて分析から豊かな知見を引き出せるのです．「楽」をしたくて，その部分の手を抜いたら本末転倒です．

Q3　データが増えたら推論はどうなりますか

> データ数 n が大きいとき，有意性検定とベイズ推測ではどのような違いがありますか．

平均値の差に興味がある状況を例にとり，n の変化にともなう有意性検定とベイズ推測の相違を説明しましょう．

まず，正規分布をデータ生成分布として考えるならば，母平均 μ と母標準偏差 σ に興味があり，これが学術的な対象 (第 1 章の例では，牛丼の盛り方) となります．それに対してデータをいくつとるかは，分析者の懐具合などを反映した手段であり，それ自体は学術的な対象ではありません．(サンプルとして具の重さを測る牛丼が 10 杯だろうが 20 杯だろうが牛丼屋の具の盛り方とは関係ありません．)

n を増加させると p 値は平均的にいくらでも 0 に近づきます．これはたいへん奇妙な性質です．メインの結果である「棄却か採択か」に関して，主客逆転し，手段が対象の性質を規定しているからです．また n の増加にともなって，いずれは「棄却」という結果になることが，データを取る前にわかっているからです．有意性検定とは「帰無仮説が偽であるという結論の下で，棄却だったら n が大きかった，採択だったら n が小さかったということを判定する方法」と言い換えることすらできます．

n を増加させると，p 値は平均的にいくらでも 0 に近づくのですから，big データに対しては，あらゆる意味で有意性検定は無力です．どのデータを分析しても「高度に有意」という無情報な判定を返すのみです．そこで有意性検定では n の制限をします．これを検定力分析の事前の分析といいます．事前の分析では有意になる確率と学術的な対象の性質から逆算して n を決めます．これもまた奇妙なことです．データ解析とは元来データから情報を得るものであり，良質なデータによって n が大きくなることは分析可能な情報が増えることを意味し，本来的に望ましい状態のはずだからです．「big データは分析できない」とか「データが多すぎる状態がある」などという性質を有していること自体が，有意性検定の論理構成に本質的な不備があることの証左です．検定力分析によるサンプルサイズ n の制限・設計は纏足[*1)]と同じです．統計手法は，本来，データを分析するための手段ですから，たくさんのデータを歓迎すべきです．有意性検定の制度を守るために，それに合わせて n を制限・設計することは本末転倒です．

それに対してベイズ推論では n が大きすぎるなどという事態は決して生じませ

[*1)] 纏足とは，幼児期から足に布を巻き，足が大きくならないようにして小さい靴を履けるようにした，かつて女性に対して行われていた非人道的風習です．靴は，本来，足を保護するための手段ですから，大きくなった足のサイズに靴を合わせるべきです．靴に合わせて足のサイズを制限・整形することは本末転倒であり，愚かな行為です．他の靴を履けばよいのです．

ん.「$\mu < c$」が正しい確率は,解釈が容易なだけでなく,n の増加にともなって,いずれどうなるかは未定です.ではどうなるのでしょうか.研究仮説が正しい確率は,n の増加にともなって 0 か 1 に近づいていきます.言い換えるならばデータが増えることによって学術的白黒がハッキリ決着するということです.これは情報が増加するのに応じて対象の知見が増加するということを意味しており,学術的な対象と手段の関係が自然です.

Q4　天下りに分布を利用することの相違

> 伝統的統計学の初等的学習では,t 分布・F 分布・カイ 2 乗分布などの標本分布を導出しません.「〜 という統計量は 〜 分布することが知られている」と天下りに教えられました.ベイズ統計学を利用した初等的過程である本書では,MCMC で求まるものと仮定して,事後分布を天下りしています.この点では伝統的統計学とベイズ統計学は同じですか.

　必要とされる数学のレベルと,適用範囲の汎用性の観点から,両者はまったく異なります.

　伝統的な統計学における平均値の差・分散の比・クロス表の適合などの初等的な統計量の標本分布を導くためには,理系学部の 2 年生程度の解析学の知識が必要になります.すこし複雑な統計量の標本分布を導くためには,統計学のために発達させた分布論という特別な数学が必要になります.それでも,どの統計量の標本分布でも求められるというわけではなく,導出はとても複雑です.

　標本分布を導く過程では,統計量自体の数理的性質をフル活用するので特異性が高く,他の統計量の標本分布を導く際に汎用的には利用できません.伝統的な統計学における標本分布には数学的に高度で汎用性が低いという性質があります.それどころか統計学の授業を担当している教員自身が導いたことがないという場合も少なくないのです(ここを読んで,統計の授業を担当している先生に「ご自身で標本分布を導いたことがありますか.導けますか.」などと失礼な質問をしてはいけません).

　検定統計量の標本分布を導けないと,(教わる側にとっては)統計学が暗記科目になってしまいます.「この検定統計量の確率分布は 〜 で,あちらの検定統計量の確率分布は 〜 で」のように,まるで歴史の年号のように,いろいろと覚えてお

かないと使えません．暗記科目なので，自分で工夫するという姿勢が育つはずもなく，紋切り型の形式的な使用に堕す傾向が生じます．

でもベイズ統計学は違います．2単位分の最初歩の学習系列の優先単元として，本書では MCMC 自体の理論的説明は割愛しています．しかし MCMC の本質は，数学 II までの微積分の知識で完全に理解することが可能です．標本分布の理論が必要とする数学と比較すると，それは極めて初等的です．

もしあなたが統計学の講義を担当する立場であるならば，たとえ学生に教えなくても，MCMC の本質であるメトロポリス・ヘイスティングス法だけは勉強してから授業をなさってください（「標本分布は導けなかったけれど，事後分布は導ける．」という自信が講義の質に反映するはずです）．

MCMC は数学的に単純なだけではなく，適用の範囲が広く汎用的です．生成量の数理的な性質とは無関係に MCMC が適用されますから，ほとんど制限なく様々な生成量の事後分布を MCMC によって導くことが可能です．したがって仮に，教わる側が MCMC の理論をマスターしていなくても，分析方法を工夫することができます．自分で生成量を作れば，推測統計的考察が可能になるのです．このため本質的な意味で統計学は暗記科目でなくなります．

Q5　$n-1$ で割ったりしないのですか？

伝統的な統計学では不偏分散を計算する際に，平均偏差データの 2 乗の和を n ではなく $n-1$ で割ります．そういうことはベイズ統計学にはないのですか．

しばしば見聞する誤りに「データの要約的記述には n で割った標本分散を利用し，母集団の推定には $n-1$ で割った不偏分散を利用する．」という解説があります．正規母集団を仮定した場合の分散の推定に関しては，標本分散が最尤推定量になりますから，標本分散も母集団を推測するための統計量として立派に利用できます．尤度原理の観点から伝統的統計学を論じるのであれば，標本分散だけで講義を進めることが可能です．したがって先の解説は誤りです．

ではなぜ初等的な伝統的統計学では不偏分散が標本分散よりも優勢なのでしょうか．それは有意性検定の検定統計量と不偏分散の相性がいいからです．このため学生は「回帰分析で不偏分散を求めるときには $n-2$ を分母に置く．えーと，

分散分析では，要因の不偏分散は (水準数 − 1) を分母に，誤差の不偏分散は (水準数 × $(n-1)$) を分母に置くんだったな．」と暗記するのです．「なぜ n ではなく $n-1$ で割るのだろう．その他の不偏分散の分母はどのように決まるのだろう．なぜ分子の項の数と分母は一致しないのだろう．」という当然の疑問を多くの学生が持ちます．

しかし初等的な推測統計学の講義では他に教えなくてはならない大切なことがあります．高度ではありませんが，不偏性の証明は煩雑なので，1つ1つ導出する時間はありません．証明は省略されます．このため学生は，そういうものだと自分を納得させ，理解せずにひたすら暗記しなくてはなりません．（ここを読んだ学生さんは「不偏分散は，どうして不偏なのか1つ1つちゃんと証明してください．」などと先生にリクエストしてはいけません．）

不偏性とは「統計量の期待値をとると，それが (未知ではあっても固定された) 母数に一致する」という性質であり，不偏分散は不偏性を有します．しかしベイズ統計学では，母数は固定された値ではなく確率分布しますから，通常の意味での不偏性という概念は存在しなくなります．

したがってモデリングする前にも正規母集団の自然な σ の推定量として標本分散の平方根を使用します．モデリングの後にも分子に登場する項数を分母に置きます．理論が自然で教授される側に疑問の湧く余地がありません．

Q6　実験データの分析はアンバランスのときに計算方法が異なるのでは？

> 分散分析するときにアンバランスデータは計算方法が変わりました．でも第5章では，そのような解説がありません．ベイズ統計ではアンバランスか否かで計算手順は変わらないのですか．

実験計画では，水準ごとのデータ数，あるいはセルごとのデータ数が等しくないケースをアンバランスといいました．ベイズ的アプローチでは，アンバランスか否かで計算手順は変わりません．これはベイズ的アプローチの便利な性質です．

それに対して伝統的統計学における分散分析では，Type I から Type IV という4種類の平方和の使い分けが必要になります．アンバランスか否かで計算方法が変わり，煩雑です．ただし弊害は「計算方法が変わる」ということそれ自身で

はありません．Type I から Type IV という 4 種類の平方和が，相当に高度な線形代数で導出されているので，その成り立ちを理解せずに講義をしなければならない先生が続出します．こちらのほうが，ずっと大きな弊害です．

標本分布や不偏性のときと同じように，「先生！ Type I から Type IV の平方和を意味がわかるように，きちんと数式で導出してください．」という知的に誠実な質問は教室内でしてはいけないタブーとなります．知的に誠実な学生に，ただただ平方和の選択手続きを暗記させるのは情けないことです．それに対して第5章の内容を理解するには，四則演算と2乗と平方根がわかっていれば十分です．数学的なハードルが極端に低くなるので，分析過程の意味を知りたい知的に誠実な学生の希望を叶えることができるようになります．

そして最も強調したいことは，伝統的な分散分析が推定している母数には理論的な欠陥があるということです．以下にそれを説明しましょう．

たとえばベイズアプローチにおける独立した1要因の推測における要因の効果は，(5.14) 式であり，

$$\sigma_a^2 = \frac{1}{a}\left\{(\mu_1 - \mu)^2 + \cdots + (\mu_a - \mu)^2\right\} = \frac{1}{a}(a_1^2 + \cdots + a_a^2) \qquad \text{(Q.1)}$$

でした．要因の効果は，水準ごとのデータ数が異なっても影響されません．要因の効果とデータ数は当然のことながら別物であり，ベイズ的アプローチならば，両者を別々に扱うことが可能です．

また「人種」という要因に「黄色人種」「黒人」「白人」の3水準があり，その地域での人口比率が $0.4, 0.3, 0.3$ なら，逆にたとえ水準ごとのデータ数が同じでも，そのことを反映した母数や生成量としての要因の効果を定義できます．ベイズ統計学では，データ数とモデル構成は区別されます．

ところが伝統的統計学における分散分析では，要因の効果を

$$\sigma_a^2 = \frac{1}{n}\left\{n_1(\mu_1 - \mu)^2 + \cdots + n_a(\mu_a - \mu)^2\right\} = \frac{1}{n}(n_1 a_1^2 + \cdots + n_a a_a^2) \quad \text{(Q.2)}$$

と定義します (水準ごとのデータ数が同じ場合だけ (Q.1) 式に一致します)．この式は，その実験でたまたまとったデータの数が，調べたい効果を決めています．分析の手段が，分析の目的を規定しているということです．なぜこんな矛盾した効果の定義をしているのかと問えば，こう定義しないと F 値を導出できないからです．まさに有意性検定のためのモデル構成であり本末転倒です．

Q7　記述統計と数値が違います

> 不偏分散に慣れ親しんだ者です．第 1 章に登場した標本分散の平方根から計算した標準偏差 4.7g が，不偏分散の平方根から計算した標準偏差より大きくなることはわかります．分母が違うからです．しかし第 2 章に登場した標準偏差の EAP 推定値は 5.8g であり，さらに大きくなりました．ベイズは大きめに推定されるのかなと思ったら第 4 章の相関は逆でした．(4.10) 式の標本相関係数は 0.79 なのに，EAP 推定値は 0.73 と小さくなります．たまたまでしょうか．それとも何か法則がありますか．

　本書の状況と同じく，十分に範囲の広い一様分布を事前分布に選んだ場合に限定して質問にお答えします．

　標本標準偏差 s と最尤推定値 σ_{mle} と σ_{map} は一致します．これらは不偏分散の平方根から計算した標準偏差 σ_{un} よりも必ず大きくなります．図 2.3 をみてください．標準偏差の事後分布は必ず正の方向に裾を引きます．したがって常に $\sigma_{un} < s = \sigma_{mle} = \sigma_{map} < \sigma_{med} < \sigma_{eap}$ となります．

　標本相関係数 r と ρ_{mle} と ρ_{map} は一致します．図 4.7 中段左図の ρ の事後分布を見てください．負の方向に裾を引いています．負に歪んだ分布では，$\rho_{eap} < \rho_{med} < \rho_{map} = \rho_{mle} = r$ となります．ρ の事後分布は，頂点が正の領域にあるときは負に歪み，頂点が負の領域にあるときは正に歪みます．このため負の相関関係を分析するときは順番が逆になり，標本相関係数よりも EAP 推定値のほうが大きくなります．正負によらず標本相関係数よりも EAP 推定値のほうが 0 に近づくと覚えておきましょう．

　この例に限らず，事後分布の歪みを目視で観察すると $\theta_{map}, \theta_{med}, \theta_{eap}$ の順番に目星がつきます．

　標準偏差や相関のように定義式中に 2 次の項がある推定量は，平均のように定義式中に 1 次の項しかない推定量よりも安定していません．s と σ_{eap}，r と ρ_{eap} の差が大きいのは，教科書の例であるために，n がそれぞれ 10，20 と小さいからです．n が小さい状況では点推定量には限界があると覚えておきましょう．だからこそ確信区間を常に確認する習慣はとても大切です．ちなみに n が十分大きくなると，確信区間の幅が狭まり，ここに登場したすべての推定量は実質的な差がなくなります．

Q8　なぜ EAP を主体にしたのですか？

前問の質問者です．事後分布の代表値としては EAP, MED, MAP があります．本書では EAP を主体に説明をしています．$s = \sigma_{map}$, $r = \rho_{map}$ なのだし，最尤推定量も尤度のモードなのですから，MAP 推定値を主体に説明すべきではありませんか．

　MAP 推定値のメリットはご指摘の通りです．データから直接計算した s や r と事後分布の代表値が一致して明快です．本書は，EAP 推定値の使用だけを強いる意図はありません．ただし EAP, MED, MAP は推定値の傾向が違いますから，初等的な教材では，どれか1つを選んで解説しないと混乱します．上述の MAP 推定値のメリットを考慮してなお，初心者用の教科書である本書が EAP 推定値を中心に教程を展開した理由は以下の3つです．

1) 第2章，表 2.2 で示したように，データの分析と事後分布の推測は密接に対応しています．データの分布の要約としては，平均と標準偏差がもっとも頻繁に使われるのですから，それに対応させて事後分布の要約にも平均 (EAP) と標準偏差 (post.sd) を使うと，対応関係が明快です．
2) EAP 以外の推定量をメインに選ぶと，EAP の post.sd に相当する精度を新たに導入する必要があり，データの分布との対応関係が複雑になります．
3) MAP 推定値を求める方法は，(1) 事後分布を θ に関して最適化する．(2) カーネル法などにより密度推定する．(3) ヒストグラムの度数をカウントする，の3種類があります．(1)(2) は数学的に高度ですし，(3) は階級幅を決める恣意性がありますから，MAP 推定値は初心者向きではありません．

読了後，学習の進度に応じて，お好きな推定量を使用してください．

Q9　なぜ？　いま急にベイズなのでしょう

ベイズ的アプローチが，そんなにも優れているならば，どうしてこれまで注目されてこなかったのでしょう．なぜ，いま急にベイズなのでしょう．

　トーマス・ベイズ (Thomas Bayes, 1702–1761) という長老派の牧師によって 1740 年代に発見されたベイズの定理は，250 年ほどの歴史を持っています．ベイ

ズ的アプローチは母数に関する情報が事後分布に集約され，理論的に優れていることは，昔から知られていました．ところが，その事後分布を導くこと自体が難しく，残念ながらそのメリットは，これまで絵に描いた餅でした．しかし MCMC 法が発達し，自由に事後分布が求まるようになりました．「なぜ？ いま急に」の答えは，「MCMC 法の技術が実用レベルまで成熟し，自由に事後分布を入手できるようになったから」です．

Q10　公的分析・私的分析

> 公的分析・私的分析について教えて下さい．

まず定義から説明します．**私的分析** (private analysis) とは，事後確率の計算を分析者（とその仲間たち）自らのためにする分析です．**公的分析** (public analysis) とは，事後確率の計算を論文や報告書や著作を通じて，その知見を社会に還元するための分析です．両者を区別することはとても大切です．本書では，論文や報告書を書くことを念頭に，公的分析だけを想定して解説しています．

私的分析では一様分布以外の事前分布も積極的に利用し，データを入手する前の知識を事前分布に反映させます．そうすれば，少数のデータでも安定した分析結果を得られますし，より複雑なモデルを作ることも可能になります．

Q11　確信区間だけでいいのですか？

> ベイズ統計学では，母数の区間推定をする際に，確信区間だけではなく，HPDI というものがあるときいたのですが，それは使わないのですか．

ベイズ統計学では確信区間ばかりでなく，**最高事後密度区間** (highest posterior density interval, HPDI) を利用することもあります．$\alpha\%$（たとえば 95%）最高事後密度区間は，事後分布の密度が高い部分の $\alpha\%$ の範囲と定義します．HPDI は多くの場合に区間の両端の確率密度が等しくなります．

図 1.7 には，モンティ・ホール問題の「ドア A の後ろに高級車がある確率の事後分布」が示されていました．この事後分布の両側の 2.5% を除き，95% 確信区間を求めると，MAP 推定値である 0.5 はそこから外れてしまいます．分布の代

表値が区間推定から外れるのは必ずしも適切ではありません．しかし 95%HPDI なら密度が高い部分から選ばれますから，図 1.7 ならば左側の 5% を除いた区間が 95%HPDI となり，MAP 推定値 0.5 もその区間内に入ります．また HPDI は，同じ確率の確信区間より区間が短くなるというメリットもあります．

事後分布のヒストグラムを描き，合計が α% になるまで，柱が高い順にその区間を選択することによって α%HPDI を構成します．ただし乱数による事後分布の α%HPDI は，階級幅に影響され，一意に定めるのは難しく，必ずしも入門的ではありません．このため本書では HPDI を割愛しました．通常は，確信区間と HPDI が大きくずれることはないからです．

利用しやすい分析用ソフトで HPDI が示されていたら，HPDI を利用することは有効です．

Q12　事後分布や推定値は式では表せないのですか？

> 事後分布が MCMC で発生した乱数で近似できるということはわかりました．でも，伝統的な統計学における推定量やその標準誤差のように，公式で母数の推定量や post.sd を表現できないのでしょうか．電卓で手計算したい場合もありますし，公式を調べることで推定量や post.sd の性質に関する理解が深まります．

事後分布がよく知られた理論分布に一致することがあり，この場合は母数の推定量や post.sd を左辺においた公式を導くことが可能です．公式からは数理的洞察[*2)]も得られます．

しかし本書では，以下の理由により「公式」の解説をしませんでした．

1) ほとんどの推定量やその標準誤差は公式化できないので，理論としての一般性に乏しいからです．また勉強が進みモデルが複雑になると，公式化が不可能になる傾向が顕著になり発展性にも乏しいからです．
2) 例外的に公式化が可能な分布の式展開が煩雑[*3)]で，文科系 2 単位の最初歩

[*2)] たとえば正規分布では「n が大きくなると，一般に post.sd は小さくなる」「σ の点推定値が小さくなると μ の post.sd は小さくなる」など．

[*3)] 正規分布の平均と分散の公式が拙編著 (2008)『マルコフ連鎖モンテカルロ法』，朝倉書店．の第 7 章に載っています．初歩的な公式ですが，ていねいに導くと 10 ページもの式展開が必要になることが示されています．

の教程に入れると別の大切な事項をたくさん削る必要があるからです．
3) そして最大の理由は，公式化が可能になるように逆算して事前分布を選び，その状況に限定して「公式」を作っているからです．事前分布は，たとえば「データを取る前は，定義域において一様な可能性がある」などのように，母数に関する純粋な信念に基づいて選ばれるべきです．「この事前分布を選ぶと，公式化が可能になるから選ぶ」という動機は母数に対する信念ではなく，本来的な事前分布の趣旨の点からは誤っています．

Q13 ベイズ統計学にはたくさんの分布が出てくるのでは？

> ベイズ統計学には，いろいろな分布がたくさん登場して勉強するのがたいへんとききましたが，本当でしょうか？

　必ずしもたくさんの分布を勉強する必要はありません．本書の第1章から第5章までには，正規分布と一様分布しか登場しません．たった2つです．第6章でベルヌイ分布・2項分布・多項分布が登場します．でもベルヌイ分布と2項分布は多項分布の特別な場合ですから，第6章に登場する分布は実質的には1つです．このように正規分布と一様分布と多項分布の3つで初等的な範囲はカバーできます．

　理論分布はデータ生成分布と事前分布の2通りに使用されます．このうちデータ生成分布は現象を記述するための道具ですから，モデルを発展させるにつれて勉強する必要があります．でもそれはベイズ統計学だから分布の学習が必要になったのではありません．

　従来，ベイズ統計学では，たくさんの理論分布を事前分布として駆使してきました．またそれが初心者の学習を妨げてきました．事後分布を理論分布に帰着させるために逆算し，そのために複雑な事前分布を考案し増やしてきました．また従来，MCMC法で主流だったギブスサンプリング法では，計算効率のために特定の母数には特定の事前分布の型を指定する必要がありました．このような事前分布を**自然共役事前分布** (natural conjugate prior distribution) といいます．ベイズ統計学は，事前分布の恣意性が攻撃の対象になった歴史があります．したがって計算効率のために事前分布を選択するのは望ましいことではありません．

　しかし現在主流となったMCMC法 (たとえばハミルトニアンサンプリング法)

では，分析者が比較的自由な事前分布を選ぶことができます．このためたくさんの自然共役事前分布を知らないと分析できないという事態は解消されました．

Q14　情報量規準について

> 第3章，第4章で利用した情報量規準を，なぜ第5章，第6章では使わなかったのでしょうか．

　情報量規準はモデル選択のための，とても便利な指標です．でも本書では，最初歩の統計学の入門書として，情報量規準の使用に抑制的です．

　情報量規準の使用するとMCMCを比較したいモデルの数だけ実行する必要があります．たとえば2群の差を推測するときには，平均が異なる場合と等しい場合，標準偏差が異なる場合と等しい場合の組み合わせで，合計4つ ($= 2 \times 2$) のモデルをMCMCで計算し，情報量規準を比較することになります．

　多群の比較をする場合には，最適なモデルにこだわると，各群 (水準) の標準偏差が異なる場合と等しい場合の組み合わせで，モデルが増えます．平均の比較をする前に，群が3つなら8つのモデル，群が4つなら16のモデルが候補に挙がります．そこからモデルを1つに絞るのは大変です．本書ではそのような議論を省略し，多群の比較では，はじめから群間の等分散を仮定しています．第6章でも，可能なモデルの中から「良い」モデルを選ぼうとすると，何度もMCMCを実行する必要が生じます．

　情報量規準のモデルの「良さ」とは，おおざっぱにいうならば「将来のデータに対する平均的な当てはまりの良さ」です．これはモデルの良さの重要な用件ではありますが，すべてではありません．「手軽さ・扱いやすさ・単純さ」も大切です．

　ただし学習が進み，オーダーメイドのモデルを創ったり，階層モデリングのような複雑なモデルを操る場合には，情報量規準や，本書では割愛したベイズファクターが有用です．

Q15　なぜ回帰分析がないのでしょう

> 入門して最初の 2 単位をうたっている本書には回帰分析の章がありません．回帰分析は，基本的な統計モデルです．実験計画法やクロス表よりも，回帰分析や因子分析を解説すべきではありませんか．

　統計学を学び始めてからの 2 単位の学習内容に何を含めるのかには，決定的な基準があるわけではありません．学習後に適用する分野によっては，実験計画法やクロス表よりも回帰分析や因子分析が優先されることもあるでしょう．

　伝統的な統計学には有意性検定と最尤推定という，大きな 2 つの柱があります．前者の検定および p 値は 1970 年代[*4]の古くから，その理論的成りたちに批判がありました．そして繰り返し批判が続き，2015 年現在，p 値を禁止する学術誌さえ登場しています．それに対して後者の推定論には，本質的な批判や欠陥は現時点でありません．

　実験計画法やクロス表は有意性検定を利用することが多く，その影響を強くうけています．回帰分析や因子分析は推定に重きが置かれ，有意性検定の影響が少ない領域です．制約ある紙数の中で回帰分析や因子分析を割愛したのはこのためです．初等的な回帰分析や因子分析では，ベイズを利用することによるメリットは多くはありません．

　なんでもベイズ的分析をしなくてはならないことはなく，初等的な回帰分析や因子分析には，伝統的な最尤法を利用できます．

[*4] Morrison, D.E. & Henkel, R.E. (1971) "*Significance Test Controversy.*", Butterwort. (D.E. モリソン，R.E. ヘンケル編，内海庫一郎，杉森滉一，木村和範訳 (1980)『統計的検定は有効か』，梓出版社.)

章末問題解答例

■ ■ ■

第 1 章

表 **A.1** 度数分布表

階級値	階級	度数	確率	累積度数	累積確率
22.5	20 問以上 25 問未満	1	0.01	1	0.01
27.5	25 問以上 30 問未満	3	0.03	4	0.04
32.5	30 問以上 35 問未満	10	0.10	14	0.14
37.5	35 問以上 40 問未満	31	0.31	45	0.45
42.5	40 問以上 45 問未満	28	0.28	73	0.73
47.5	45 問以上 50 問未満	17	0.17	90	0.90
52.5	50 問以上 55 問未満	8	0.08	98	0.98
57.5	55 問以上 60 問未満	2	0.02	100	1.00

1) 表 A.1 参照
2) 省略
3) 標本平均は 40.64，標本分散は 40.91，標本標準偏差は 6.40
4) 最大値は 55，最小値は 24
5) 中央値は 40，最頻値は 38
6)–(a) $f(30|40.64, 6.40) = 0.016$, $f(40|40.64, 6.40) = 0.062$ より，40 付近
6)–(b) $1 - F(45|40.64, 6.40) = 0.2479$ より，24.79%
6)–(c) $F(40|40.64, 6.40) - F(35|40.64, 6.40) = 0.2711$ より，27.11%
6)–(d) $[28.10, 53.18]\ (= [40.64 \pm 1.96 \times 6.40])$
6)–(e) $51.17\ (= 40.64 + 1.64 \times 6.40)$
6)–(f) 第 1 四分位は 36.32，第 2 四分位は 40.64，第 3 四分位は 44.96

第 2 章

表 **A.2** 母数の事後分布と予測分布の数値要約

	EAP	se	post.sd	2.5%	5%	50%	95%	97.5%
μ	40.643	0.003	0.651	39.361	39.575	40.646	41.712	41.924
σ	6.512	0.002	0.474	5.668	5.786	6.483	7.334	7.516
x^*	40.648		6.541	27.778	29.928	40.641	51.375	53.469

基準点の設定： ここでは 45 点 (基準点 1) 以上の生徒には優秀賞として景品が渡され，35 点 (基準点 2) 未満の生徒には再テストが課されるものとします．

表 A.3 生成量と効果量の事後分布と予測分布の数値要約

	EAP	post.sd	2.5%	5%	50%	95%	97.5%
σ^2	42.628	6.269	32.122	33.479	42.028	53.782	56.490
cv	0.160	0.012	0.139	0.142	0.159	0.181	0.186
δ_{45}	−0.673	0.111	−0.889	−0.855	−0.672	−0.490	−0.455
δ_{35}	0.871	0.118	0.640	0.677	0.871	1.065	1.103
x^* の 20%点	35.163	0.764	33.585	33.861	35.191	36.368	36.581
$p(x^* < 45)$	0.748	0.035	0.675	0.688	0.749	0.804	0.813
$p(x^* < 35)$	0.193	0.032	0.135	0.143	0.192	0.249	0.261
$x^*/45$	0.903	0.145	0.617	0.665	0.903	1.142	1.188

表 A.4 研究仮説が正しい確率

研究仮説	確率
$p(\mu < 45)$	1.000
$p(\mu < 35)$	0.000
$p(x^* < 45)$	0.749
$p(x^* < 35)$	0.194
$p(\delta_{45} < -0.6)$	0.745
$p(\delta_{35} < 0.6)$	0.011
$p(p(x^* < 45) < 0.8)$	0.937
$p(p(x^* < 35) < 0.8)$	1.000

RQ.1 この塾の生徒の 10 分間における平均的な正解数は何問でしょうか．

RA.1【表 A.2】 μ に関する EAP 推定値は 40.643(0.651) 問です．よって EAP 推定値より 10 分間における平均的な正解数は 40.6 問です．

RQ.2 この塾の平均的なテストの正答数はどの区間にあるでしょう．

RA.2【表 A.2】 95%確信区間は [39.361 問, 41.924 問] でした．μ は 95%の確率でこの区間内に入ります．

RQ.3 この塾の生徒は 95%の確信で平均的に少なくとも何問正解することができるでしょうか．また平均的に高々何問でしょうか．

RA.3【表 A.2】 95%の確信で少なくとも 39.563 問は正解するでしょう．また，95%の確信で高々 41.712 問です．基準点の設定が平均正解数に近すぎるということはなさそうです．

RQ.4 正解数の平均的な散らばりはどの程度でしょうか．進学クラスと基礎クラス間の生徒が混ざっていることから，6 問程度のばらつきがあることが予想されます．この予想は当たっているでしょうか．

RA.4【表 A.2】 標準偏差の推定値は 6.512(0.474)[5.668, 7.516] 点です．6 問程度の正解数の散らばりがありますので予想はだいたい当たっています．

RQ.5 当日欠席していた人に，同じ条件でテストを実施したときの，正解数はどの区間にあるでしょうか．景品と再テストの準備をする必要があるのでしょうか．また，そのときに，99%の確信で高々何点をとるでしょうか．基準点 1 をもう 10 点上げて 55 点まで上げてもよいのでしょうか．

RA.5【表 A.2】 x^* の 95%予測区間は [27.778 点, 53.469 点] です．再テストの可能性もあれば，景品をもらう可能性もありますから，どちらも用意しておいた方がよいでしょう．条件付き事後予測分布から，99%の確信で高々 55.792 点です．基準点 1 を 55 問以上に設定することは現実的ではないでしょう．

RQ.6 分散の点推定値と 95%確信区間を答えなさい.

RA.6 【表 A.3】 分散の点推定値とその 95%確信区間は 42.628(6.269)[32.122, 56.490] でした.

RQ.7 正解数の平均的な散らばりは，平均的な正解数の何%でしょうか.

RA.7 【表 A.3】 変動係数の推定結果は 0.160(0.012)[0.139, 0.186] となりました. 16%くらいの誤差があります.

RQ.8 平均的な正解数と基準点 1 (45 点) との差は，平均的な正解数の散らばりと比較し，どの程度の大きさでしょうか. また，平均的な正解数と基準点 2 (35 点) との差はどの程度の大きさでしょうか.

RA.8 【表 A.3】 基準点 1 (45 点) からの差に注目すると，$\hat{\delta}_{45} = -0.673$ となりました. 景品をあげなければならない点数に対して，平均的な散らばりの 67.3%程度下の点にあります. また，基準点 2 からの場合は $\hat{\delta}_{35} = 0.871$ となり，87.1%上の点にあります. 35 点未満の生徒には学力底上げのための再テストは必要でしょう.

RQ.9 RQ.8 で検討した効果量はどの区間でしょうか. また，基準点 2 の場合，少なく見積もってどの程度でしょうか. 基準点 1 の場合，高々どの程度でしょうか.

RA.9 【表 A.3】 δ_{45} の確信区間は $[-0.889, -0.455]$ です. 95%の確信で高々 -0.490 です. 塾側は優秀賞の基準を引き上げて，景品分の経費を節約することを考えるかもしれません. δ_{35} の確信区間は $[0.640, 1.103]$ です. 95%の確信で少なくとも 0.677 です. 再テストの基準をもう少し引き上げることも考えられるかもしれません.

RQ.10 生徒の 5 人に 1 人は何点未満となることを見越さなければならないでしょうか. また，その点数はどの区間にあるのでしょうか. 少なく見積もって，あるいは高々どの程度でしょうか.

RA.10 【表 A.3】 5 人に 1 人は 35.163 点未満を覚悟しなければなりません. 20%の確率で高々覚悟しなければならない点数が 95%の確率で含まれる確信区間は [33.585, 36.581] です. 再テストの準備もしておいた方が良いでしょう.

RQ.11 次に受験した生徒が 45 点未満しか得点できない確率はどの程度でしょうか. また，35 点未満となってしまう確率はどの程度でしょうか. 標準偏差と区間も合わせて示してください.

RA.11 【表 A.3】 基準点 1 の場合は 0.748(0.035)[0.676, 0.813] で 74.8%となり，基準点 2 の場合は，0.193(0.032)[0.135, 0.261] で 19.3%となりました. 約 25% ($\simeq 100 - 74.8$) の確率で景品をもらえ，約 20%の確率で再テストとなります.

RQ.12 景品がもらえる得点に対して，平均的に何割程度，達成できているのでしょうか. 区間も合わせて示してください.

RA.12 【表 A.3】 基準点 1 との比は 0.903(0.145)[0.617, 1.188] となりました. 平均的な達成度から見て，「もう少し頑張れば景品をもらえそう」という，現在の基準点 1 の設定は生徒の努力意欲を高めることに効果的かもしれません.

RQ.13 平均的な得点が景品を獲得できる 45 点未満となる確率は何%でしょうか. また，再テストの対象となる 35 点よりも低くなる確率は何%でしょうか.

RA.13 【表 A.4】 「正解数の平均は基準点 1 の 45 点よりも低い」という研究仮説 $U_{\mu<45}$ が正しい確率は 100%となりました. 「正解数の平均が基準点 2 の 35 点よりも低い.」という研究仮説 $U_{\mu<35}$ が正しい確率は 0%となりました. この観点からは，問題の難易度や基準点の変更は行われないことになりました.

RQ.14 45 点未満の得点が観測される確率は何%でしょうか. また 35 点未満の得点が観測される確率は何%でしょうか.

RA.14 【表 A.4】 「正解数は基準点 1 の 45 点よりも低い.」という研究仮説 $U_{x^*<45}$ が正しい確率は 74.9%となりました. また，「正解数は基準点 2 の 35 点よりも低い.」という研

究仮説 $U_{x^*<35}$ が正しい確率は 19.4%となりました．RQ.11 を追認する値といえます．

RQ.15 基準点 1 の効果量が -0.6 未満である確率はどの程度でしょうか．また，基準点 2 の効果量が 0.6 未満である確率はどの程度でしょうか．

RA.15【表 A.4】 45 点を基準点とする効果量が -0.6 未満である確率は 74.5%であり，35 点を基準点とする効果量が 0.6 未満である確率は 1.1%です．基準点 1 と 2 の効果量を等しくしたい場合には，もう少し基準点 1 を引き上げることも検討されそうです．

RQ.16 45 点未満となる確率は 8 割未満であるという信念はどの程度正しいでしょうか．また，35 点未満となる確率は 8 割未満であるという信念が正しい確率はどの程度でしょうか．

RA.16【表 A.4】 45 点未満となる確率は 8 割未満であるという信念は 93.7%正しい．また，35 点未満となる確率は 8 割未満であるという信念は 100%正しい．

第 3 章

【表 A.5】 健常群よりも罹患群の方が生体指標 B の平均値が高いことがわかります．一方，

表 A.5 生データの数値要約

	平均	標本 sd	標本分散	最小値	25%	50%	75%	最大値
罹患群	55.76	4.53	20.54	43	53	56	58	66
健常群	40.38	11.03	121.67	16	33	39	48	66

表 A.6 母数の事後分布と予測分布の数値要約

	EAP	post.sd	2.5%	5%	50%	95%	97.5%
μ_1	55.759	0.669	54.443	54.660	55.757	56.858	57.075
μ_2	40.394	1.625	37.199	37.742	40.393	43.069	43.599
σ_1	4.698	0.492	3.857	3.967	4.654	5.571	5.770
σ_2	11.433	1.193	9.379	9.654	11.336	13.553	14.065
x_1^*	55.758	4.763	46.378	47.937	55.756	63.560	65.134
x_1^*	40.399	11.622	17.580	21.352	40.375	59.436	63.243

表 A.7 生成量の事後分布の数値要約

	EAP	post.sd	2.5%	5%	50%	95%	97.5%
$\mu_1 - \mu_2$	15.365	1.762	11.892	12.469	15.364	18.257	18.821
$\delta_1 = (\mu_1 - \mu_2)/\sigma_1$	3.306	0.509	2.365	2.502	3.287	4.173	4.363
$\delta_2 = (\mu_1 - \mu_2)/\sigma_2$	1.358	0.207	0.957	1.021	1.357	1.705	1.770
$U_{31} = F(\mu_1 \mid \mu_2, \sigma_2)$	0.908	0.034	0.831	0.846	0.913	0.956	0.962
$U_{32} = 1 - F(\mu_2 \mid \mu_1, \sigma_1)$	0.999	0.003	0.991	0.994	0.999	1.000	1.000
π_d	0.891	0.034	0.815	0.830	0.895	0.939	0.946
π_{10}	0.667	0.053	0.559	0.577	0.669	0.751	0.766

表 A.8 研究仮説が正しい確率

	確率		確率
$p(\mu_1 - \mu_2 > 0)$	1.000	$p(F(\mu_1 \mid \mu_2, \sigma_2) > 0.8)$	0.994
$p(\mu_1 - \mu_2 > 13)$	0.911	$p(1 - F(\mu_2 \mid \mu_1, \sigma_1) > 0.8)$	1.000
$p((\mu_1 - \mu_2)/\sigma_2 > 1.2)$	0.775	$p(\pi_d > 0.8)$	0.988
$p((\mu_1 - \mu_2)/\sigma_1 > 2.0)$	0.997	$p(\pi_{10} > 0.7)$	0.276

標本標準偏差や標本分散は罹患群よりも健常群の方が大きく，罹患群の散らばりの方が小さいです．標本四分位点をみると，健常群は 33 から 48 の間に半分の人が含まれるのに対して，罹患群は 53 から 58 の間に半分の人が含まれます．このことからも，罹患群における生体指標 B の観測値の散らばりが小さいことがうかがえます．

1) $\mu_1 > \mu_2$ となるように，第 1 群を罹患群，第 2 群を健常群として，研究上の問いを考えます．

RQ.1 疾患 A に罹患しているかどうかを判断することは，患者にとっても医者にとっても重要なことです．疾患 A の罹患判定において生体指標 B を利用することが適切かを検討するためには，健常群と罹患群で，生体指標 B の平均値にどの程度差があるかを見るだけではなく，生体指標によって罹患群と健常群を判別できるか否かを調べる必要があります．そこで，生体指標の平均値が健常群と罹患群で異なるか否かを確認します．罹患群の生体指標 B の平均値が，健常群のそれより高い確率はどれほどでしょう．

RA.1【表 A.8】「罹患群の平均値が健常群の平均値より大きい」という研究仮説が正しい確率は 100% となりました．

RQ.2 健常群と罹患群の生体指標 B の平均値にはどの程度差があるでしょう．また，その差はどの程度の幅で確信できるでしょうか．

RA.2【表 A.7】平均値差に関する EAP 推定値は 15.37(1.76)[11.89, 18.82] です．両群の平均値の差は 15.37 であり，平均値差 $\mu_1 - \mu_2$ は 95% の確率で区間 [11.89, 18.82] の中に入ります．

RQ.3 疾患 A の罹患判定に生体指標 B を利用したいと考えていますが，罹患群と健常群の平均値の差は，少なくともどの程度でしょう．あるいは，どの程度の差しか高々見込めないでしょうか．

RA.3【表 A.7】95% の確信で高々 18.26 の差があり，少なくとも 12.47 の差があることが分かります．

RQ.4 生体指標 B の測定には，測定・分析のためのコストがかかります．平均値の差が小さく疾患の判定にあまり有用でなければ，導入できません．生体指標 B は，疾患 D の判定にも利用されており，その場合には健常者の平均よりも 13 高いと正常ではないと判断します．そこで，疾患 D の基準を援用し，13 以上の差が見られるのであれば導入し，その確率が 80% 以上であれば生体指標 B を疾患 A の判定に採用するとします．採用すべきでしょうか．それとも見送るべきでしょうか．

RA.4【表 A.8】「罹患群の平均値が健常群の平均値より 13 以上大きい」という研究仮説が正しい確率は 91.1% でした．80% 以上ですので採用すべきだと考えます．

RQ.5 健常集団から見た場合，罹患者の平均的な位置までの距離は，自身の平均的な散らばり (標準偏差) を基準にするとどの程度離れているでしょうか．また，その効果量の大きさはどの程度の幅で確信すれば良いでしょうか．さらに，少なく見積もって，最低どの程度の効果量が見込まれるでしょう．逆に多めに見積もって，どの程度の距離が見込めるでしょうか．同様に，罹患集団から見た場合，健常者の平均的な位置は，自身の標準偏差を基準にすると何倍離れており，その大きさはどの程度の幅で確信できるでしょうか．また，少なく見積もった場合に，効果量は最低どの程度見込まれるでしょうか．逆に多めに見積もって，どの程度の距離が見込めるでしょうか．

RA.5【表 A.7】健常集団から見た場合には，効果量の EAP 推定値は 1.36(0.21)[0.96, 1.77] となりました．健常集団の標準偏差を基準とすると，1.36 ほど離れており，効果量は 95% の確率で区間 [0.96, 1.77] に含まれます．また，効果量は，95% の確信で高々 1.71 となり，少なくとも 1.02 となります．一方，罹患集団から見た場合には，効果量の EAP 推定値は 3.31(0.51)[2.37, 4.36] となりました．罹患集団の標準偏差を基準とすると，3.31 ほど離れており，効果量は 95% の確率で区間 [2.37, 4.36] 内に入ることがわかります．また，効果

量は 95%の確信で高々 4.17 となり，少なくとも 2.50 となります．

RQ.6 健常集団を基準とした場合に，効果量が 1.2 以上離れている確率が 80%以上であれば，より判別できていると考えて生体指標を採用します．採決をどう判断すれば良いでしょうか．また，罹患集団を基準とした場合に，効果量が 2.0 以上離れている確率が 90%以上であれば，より判別できていると考えて生体指標を採用します．採決をどう判断すれば良いでしょうか．

RA.6【表 A.8】「健常集団を基準とした場合に，効果量が 1.2 以上である」という研究仮説が正しい確率は 77.5%であり，80%を少し下回りました．「罹患集団を基準とした場合に，効果量が 2.0 以上である」という研究仮説が正しい確率は 99.7%であり，90%を超えています．

RQ.7 健常群から見た場合に，典型的な罹患者は，典型的な健常者より何%上の方に位置するでしょうか．少なくともあるいは高々何%上のところに位置するでしょうか．同様に，罹患群から見た場合，典型的な健常者は，典型的な罹患者よりも何%下に位置するでしょうか．少なくともあるいは高々何%下のところに位置するでしょうか．

RA.7【表 A.7】 健常群から見た場合，典型的な罹患者は典型的な健常者よりも 40.8 (= $0.908 - 0.5$)%上に位置します．少なくとも 34.6%のところに，高々 45.6%のところに位置します．罹患群から見た場合，典型的な健常者は典型的な罹患者よりも 49.9 (= $0.999 - 0.5$)%下に位置します．少なくとも 49.1%のところに，高々 50%のところ (ほぼ最小) に位置します．

RQ.8 健常群から見た場合に，典型的な罹患者が，典型的な健常者より 30%上の方に位置する確率が 70%以上であれば，疾患 A の判定に利用したいと考えています．また，罹患群から見た場合に，典型的な健常者が，典型的な罹患者よりも 30%下に位置する確率が 80%以上であれば，生体指標を利用したいと考えています．

RA.8【表 A.8】「健常群から見た場合に，典型的な罹患者が，典型的な健常者よりも 30%上の方に位置する」という研究仮説が正しい確率は 99.4%で，疾患 A の判定に利用できます．「罹患群から見た場合に，典型的な健常者が，典型的な罹患者よりも 30%下の方に位置する」という研究仮説が正しい確率は 100%です，疾患 A の判定に利用できます．

RQ.9 典型的な人に限定せず，無作為に選ばれた罹患者が，無作為に選ばれた健常者よりも生体指標の値が大きい確率はどれほどでしょうか．70%以上であるとうれしいですが，その確率は高々あるいは少なくともどれほどでしょうか．

RA.9【表 A.7】 典型的な人に限定せず，無作為に選ばれた罹患者が，無作為に選ばれた健常者よりも生体指標の値が大きい確率は 89.1%です．その確率は高々 93.9%で少なくとも 83.0%です．

RQ.10 生体指標 B を導入するにあたり，無作為に選ばれた罹患者が，無作為に選ばれた健常者よりも生体指標の値が大きい確率が 80%以上であるという目標値が設定されています．この仮説が正しい確率はどの程度でしょうか．

RA.10【表 A.8】「無作為に選ばれた罹患者が，無作為に選ばれた健常者よりも生体指標の値が大きい確率が 80%以上である」という研究仮説が正しい確率は 98.8%です．

RQ.11 無作為に選ばれた罹患者が，無作為に選ばれた健常者よりも，生体指標の値が 10 以上大きい確率はどれほどでしょうか．その確率は高々あるいは少なくともどれほどでしょうか．

RA.11【表 A.7】 無作為に選ばれた罹患者が，無作為に選ばれた健常者よりも，生体指標の値が 10 以上大きい確率は 66.7%です．その確率は高々 75.1%で，少なくとも 57.7%です．

RQ.12 無作為に選ばれた罹患者が，無作為に選ばれた健常者よりも，生体指標の値が 10 以上大きい確率は 70%以上であるという目標が定められています．この仮説が正しい確率はどの程度でしょうか．

RA.12【表 A.8】「無作為に選ばれた罹患者が，無作為に選ばれた健常者よりも，生体指標

の値が 10 以上大きい確率は 70%以上である」という研究仮説が正しい確率は 27.6%です.

第 4 章

1) 平均値および四分位点は,いずれも援助後の方が値が大きく,援助によるメンタルヘルスの改善が示唆されます.標準偏差と分散は,援助の前後で値が大きく異なり,援助前の方が大きな値となっています.援助前は個人ごとにメンタルヘルス得点のばらつきが大きかったけれども,援助を行ったことで個人間のバラツキも小さくなったと言えます.

表 A.9　数値要約

統計量	平均	sd	分散	25%点	50%点	75%点
援助前	49.9	18.5	341.6	35.0	50.5	64.0
援助後	68.5	10.9	118.5	60.0	68.5	77.0

2) 0.61

援助前と援助後のメンタルヘルス得点には,比較的高い正の相関が見られました.すなわち,援助前のメンタルヘルスの得点が高い人ほど,援助後の得点も高い傾向があるということです.

3) $\mu_1 > \mu_2$ となるように,第 1 群を援助後,第 2 群を援助前として,研究上の問いを考えます.

表 A.10　母数の事後分布と予測分布の数値要約

	EAP	post.sd	2.5%	5%	50%	95%点	97.5%
μ_1	68.474	1.614	65.307	65.820	68.472	71.123	71.640
μ_2	49.892	2.730	44.533	45.406	49.906	54.359	55.243
σ_1	11.318	1.184	9.289	9.558	11.214	13.412	13.906
σ_2	19.207	1.999	15.770	16.229	19.040	22.753	23.5863
ρ	0.595	0.094	0.388	0.427	0.604	0.733	0.754
x_1^*	68.479	11.492	45.987	49.598	68.461	87.328	91.137
x_2^*	49.902	19.550	11.427	17.831	49.782	82.186	88.583

RQ.1 援助後のメンタルヘルス得点の母平均 μ_1 が,援助前のメンタルヘルス得点の母平均 μ_2 より大きい確率はどれほどでしょう.

RA.1【表 A.12】援助後のメンタルヘルス得点の母平均 μ_1 が,援助前のメンタルヘルス得点の母平均 μ_2 より大きい確率は 100%です.

RQ.2 援助を行うことによって,メンタルヘルス得点は平均的に何点上がるでしょう.また,援助前後での得点の差は,95%の確信で,どの程度の幅と言えるでしょう.

RA.2【表 A.11】EAP 推定値 18.582(2.187)[14.272, 22.896] より,援助を行うことによって,メンタルヘルス得点は平均的に 18.582,すなわち約 19 点上がります.95%確信区間から,援助前後での得点の差は,95%の確率で約 14 点から 23 点の間となります.

RQ.3 援助の前後で,少なくともどれくらい,あるいは高々どれくらいメンタルヘルス得点の改善が見込まれるでしょう.

RA.3【表 A.11】援助を行うことによりメンタルヘルス得点は,95%の確信で少なくとも 15 点,高々 22 点上がるでしょう.

表 A.11　生成量の事後分布の数値要約

	EAP	post.sd	2.5%	5%	50%	95%点	97.5%
$\mu_1 - \mu_2$	18.582	2.187	14.272	14.997	18.579	22.191	22.896
$\delta_1 = (\mu_1 - \mu_2)/\sigma_1$	1.659	0.259	1.181	1.252	1.647	2.104	2.199
$\delta_2 = (\mu_1 - \mu_2)/\sigma_2$	0.978	0.151	0.689	0.733	0.974	1.232	1.284
$U_{31} = F(\mu_1 \mid \mu_2, \sigma_2)$	0.833	0.037	0.754	0.768	0.835	0.891	0.900
$U_{32} = 1 - F(\mu_2 \mid \mu_1, \sigma_1)$	0.946	0.027	0.881	0.895	0.950	0.982	0.986
π_d	0.798	0.034	0.727	0.739	0.799	0.852	0.861
π_{10}	0.650	0.038	0.574	0.587	0.650	0.712	0.724
σ'	15.384	1.632	12.593	12.967	15.244	18.279	18.980
δ'	1.221	0.190	0.852	0.911	1.220	1.536	1.596
π_d'	0.885	0.037	0.803	0.819	0.889	0.938	0.945
π_5'	0.811	0.045	0.713	0.731	0.814	0.879	0.890
Con	0.704	0.037	0.627	0.641	0.706	0.762	0.772

表 A.12　研究仮説が正しい確率

	確率		確率
$p(\mu_1 - \mu_2 > 0)$	1.000	$p(\pi_{10} > 0.5)$	1.000
$p(\mu_1 - \mu_2 > 15)$	0.950	$p(\sigma_i < 20)$	0.992
$p((\mu_1 - \mu_2)/\sigma_1 > 1.5)$	0.723	$p(\delta' > 1.0)$	0.879
$p((\mu_1 - \mu_2)/\sigma_2 > 1.0)$	0.432	$p(\pi_d' > 0.8)$	0.978
$p(F(\mu_1 \mid \mu_2, \sigma_2) > 0.8)$	0.816	$p(\pi_5' > 0.9)$	0.011
$p(\pi_d > 0.7)$	0.996	$p(0.5 < \rho < 0.7)$	0.726
$p(\pi_d > 0.8)$	0.486	$p(\text{Con} > 0.6)$	0.995

RQ.4　援助の前後で，メンタルヘルス得点の平均値差が15点以下の場合には，対象者全員に対して再度援助を行うことを検討しなくてはなりません．平均値差が15点より大きい確率が80%以上ならば，全体としては経過観察とし，個別対応のみとします．平均値差が15点より大きい確率はどれくらいでしょう．

RA.4【表 A.12】　援助の前後での平均値差が15点より大きくなる確率は95%で，80%以上です．したがって，個別対応のみでよさそうです．

RQ.5　メンタルヘルス得点は，1点高ければどれくらいメンタルヘルスが向上したと言えるのか，あるいは5点ならばどれくらいの向上なのか，なかなか解釈が難しいです．そこで，援助後の状態から見て，援助前の得点の平均的な位置までは，援助後の得点の平均的なバラツキの何倍にあたるのか知りたいです．この援助後の得点の散らばりを基準とした相対的な得点差は，どの程度の幅で確信でき，少なくともどれくらい，あるいは高々どれくらいと言えるでしょうか．また，援助前の得点の平均的なバラツキを基準とした場合の相対的な得点差についてはどうでしょう．

RA.5【表 A.11】　援助の前後での得点差は，援助後の得点の平均的なバラツキの1.659倍で，95%確信区間は [1.181, 2.199] です．また95%の確信で，少なくとも1.252倍，高々2.104倍となります．一方，援助後の得点の平均的なバラツキを基準とした場合には，得点差はその0.978倍 [0.689, 1.284] であり，95%の確信で，少なくとも0.733倍，高々1.232倍となります．

RQ.6　この大学では，援助後の得点の平均的なバラツキと比較して1.5倍の得点アップが見込まれる確率が70%を上回るならば，同様の援助を来年度の新入生にも行いたいと考えて

います．どのように判断すればよいでしょうか．また，もし援助前の得点の平均的なバラツキと同程度の得点アップが見込まれる確率が70%を上回るならば，同様の援助を来年度の新入生にも行いたいという場合には，どのような判断になるでしょう．

RA.6 【表 A.12】 援助後の得点の平均的なバラツキと比較して1.5倍の得点アップが見込まれる確率は72.3%であり，この基準ならば来年度も今年と同じ援助を続けることになります．一方で，援助前の得点の平均的なバラツキと同程度の得点アップが見込まれる確率は43.2%であり，この基準では援助内容について見直しが必要です．

RQ.7 援助後のメンタルヘルス得点の平均値は，援助前の得点分布において何%点に当たるでしょうか．その割合は，95%の確信でどの程度の幅であり，少なくとも何%，あるいは高々何%でしょうか．この結果から，援助前の平均的なメンタルヘルス得点に比較して，援助後の平均的な得点は何%高いと言えるでしょうか．また，援助前の得点の平均値は，援助後の得点分布において何%点に当たるでしょうか．この結果から，援助後の平均的なメンタルヘルス得点に比較して，援助前の平均的な得点は何%低いと言えるでしょうか．

RA.7 【表 A.11】 援助後のメンタルヘルス得点の平均値は，援助前の得点分布の83.3%点に当たり，95%の確信で75.4%点から90.0%点の間であると言えます．この結果から，援助前の平均的なメンタルヘルス得点に比較して，援助後の平均的な得点は33.3 (= 83.3−50)%高いことがわかります．また，小さく見積もると76.8%点，大きく見積もると89.1%点です．一方で，援助前のメンタルヘルス得点の平均値は，援助後の得点分布の上から94.6%点に当たります．したがって，援助後の平均的なメンタルヘルス得点に比較して，援助前の平均的な得点は44.6 (= 94.6−50)%低いと言えます．また，95%の確信区間は [0.881, 0.986] であり，小さく見積もると89.5%点，大きく見積もると98.2%点です．

RQ.8 同様の援助を来年度の新入生にも行うか否かを判断するための基準として新たに，援助後のメンタルヘルス得点の平均値が，援助前の得点分布において低い方から80%より大きくなる確率が90%を上回るか否かを検討することにしました．来年度もこの援助を続けるかどうかについて，大学はどのように判断すればよいでしょう．

RA.8 【表 A.12】 援助後のメンタルヘルス得点の平均値が，援助前の得点分布において低い方から80%より大きくなる確率は81.6%であり，90%は超えません．この基準では，来年度は援助内容の見直しが必要です．

RQ.9 無作為選出の援助前学生より，無作為選出の援助後学生のメンタルヘルス得点が高い確率はどれほどで，その確率はどの程度の幅で確信できるでしょう．学内では，この援助法には効果がないという意見があり，来年度以降の継続に反対の声が上がっています．援助の前後で得点が高くなる確率は少なくとも，あるいは高々どれくらいでしょうか．

RA.9 【表 A.11】 無作為選出の援助前学生より，無作為選出の援助後学生のメンタルヘルス得点が高い確率は79.8%で，95%確信区間は [0.727, 0.861] です．その確率は，95%の確信で少なくとも79.8%であり，効果がないと決めつけることはできません．なお，大きく見積もると95%の確信で高々85.2%です．

RQ.10 大学では，この援助の効果を評価するために，無作為選出の援助前学生より，無作為選出の援助後学生のメンタルヘルス得点が高い確率が70%より大きい確率に注目することにしました．この確率が90%を上回っていれば，援助の効果があると結論付けることにします．もし，援助前よりも援助後のメンタルヘルス得点が高い確率が80%より大きい確率が90%を上回っていれば効果があると結論付ける場合には，どのような判断になるでしょう．

RA.10 【表 A.12】 無作為選出の援助前学生より，無作為選出の援助後学生のメンタルヘルス得点が高い確率が70%より大きい確率は99.6%であり，十分に効果があると言えます．ただし，基準を引き上げて，援助前よりも援助後のメンタルヘルス得点が高い確率が80%より大きい確率とすると，48.6%であり，90%を大きく下回ってしまいます．

RQ.11 大学では事前に，無作為選出の援助前学生より，無作為選出の援助後学生のメンタ

ルヘルス得点が 10 点高いこと，という目標値を定めていました．この目標が達成できている確率はどれほどでしょうか．

RA.11【表 A.11】 無作為選出の援助前学生より，無作為選出の援助後学生のメンタルヘルス得点が 10 点高いこと，という目標値が達成できている確率は 65.0% です．

RQ.12 無作為選出の援助前学生より，無作為選出の援助後学生のメンタルヘルス得点が 10 点高いという目標値が達成できている確率が 5 割を上回る確率はどれほどでしょうか．

RA.12【表 A.12】 前述の目標値が達成できている確率が 5 割を上回っている確率は (小数点以下第 4 桁を四捨五入して) 100% です．達成できている確率が五分五分より高いということは確実に言えます．

RQ.13 援助の効果は人によって異なります．メンタルヘルスが大きく改善する人もいれば，あまり改善しない人もいるかもしれません．平均的な効果のまわりで得点はどの程度散らばっているのでしょうか．その散らばりについて，95% の確信で，どの程度の幅と言えるでしょう．援助を行ったことによるメンタルヘルス改善の効果の散らばりは，少なくとも，あるいは高々どのくらいでしょう．

RA.13【表 A.11】 平均的な効果のまわりでの得点の散らばりの平均は 15.384 点です．その散らばりは 95% の確信で，[12.593, 18.980] の間であり，少なくとも 12.967 点，高々 18.279 点です．

RQ.14 この援助を行ったことによるメンタルヘルス改善の効果の確実性が高ければ，大学は全学生に対してこの援助プログラムを大々的に宣伝するつもりです．平均的な効果のまわりでの得点の散らばりが 20 点未満である確率が 80% 以上ならば，宣伝を実施したいのですが，どう判断すればよいでしょうか．

RA.14【表 A.12】 平均的な効果のまわりでの得点の散らばりが 20 点未満である確率は 99.2% で，80% を上回っています．したがって，大学はこの援助プログラムを全学生に向けて宣伝できます．

RQ.15 差得点の平均値に比べて，その平均的な散らばりが小さければ，援助の効果を確実に信頼できます．平均的な得点差は，得点変化の平均的な散らばりの何倍くらいでしょうか．また，その比はどの程度の幅で確信でき，少なくとも，あるいは高々どれくらいでしょうか．

RA.15【表 A.11】 平均的な得点差は，得点変化の平均的な散らばりの 1.221 倍で，95% 確信区間は [0.852, 1.596] です．また，95% の確信で，少なくとも 0.911 倍，1.536 倍と言えます．

RQ.16 大学の広告を見た A さんは，差得点の平均値が，その平均的な散らばりのちょうど 1 倍より大きい確率が 70% を超えていれば，援助を受けてみたいと思いました．A さんはどう判断すればいいでしょう．

RA.16【表 A.12】 差得点の平均値が，その平均的な散らばりのちょうど 1 倍より大きい確率は 87.9% なので，A さんはこの援助を受けるべきです．

RQ.17 この援助を受けて，メンタルヘルスが改善される (援助後のメンタルヘルス得点が援助前の得点に比べて 0 点以上高い) 確率はどのくらいでしょう．また，その確率は 95% の確信で，どの程度の幅と言えるでしょう．その確率は，少なくとも，あるいは高々どのくらいでしょう．

RA.17【表 A.11】 この援助を受けてメンタルヘルスが改善される確率は 88.5% であり，95% の確信で 80.3% から 94.5% の間であると言えます．また，95% の確信で，小さく見積もって 81.9%，大きく見積もって 93.8% です．

RQ.18 大学では，援助を受けた人の 80% 以上で，メンタルヘルス得点が上がる確率が 90% 以上であれば，今後，全学生に対して継続してこの援助法を実施したいと考えています．どのように判断すればよいでしょうか．

RA.18【表 A.12】 援助を受けた人の 80% 以上でメンタルヘルス得点が上がる確率は 97.8% で

あり，90%以上ですから，全学生に対して継続してこの援助法を実施してもよいでしょう．

RQ.19 Bくんの母親は，メンタルヘルス得点の向上が5点より大きいのであれば，Bくんにこの援助を受けさせたいと考えています．この援助による得点の向上が5点を上回る確率はどれほどでしょう．

RA.19【表 A.11】 援助後の得点の向上が5点を上回る確率は平均的に81.1%であり，95%の確信で71.3%から89.0%の間であると言えます．また，その確率は，小さく見積もっても95%の確信で73.1%です．

RQ.20 大学では，「この援助プログラムに参加すればメンタルヘルス得点が5点アップする確率は90%超！」と宣伝広告に明記したいと考えています．自信を持ってこのように言ってもよいでしょうか．

RA.20【表 A.12】 援助後の得点の向上が5点を上回る確率が90%より大きい確率はたった1.1%であり，誇大広告になってしまいます．

RQ.21 援助前と援助後のメンタルヘルス得点の相関はどのくらいで，95%の確信で，どの程度の幅と言えるでしょう．その相関は，少なくとも，あるいは高々どのくらいでしょう．

RA.21【表 A.10】 援助前と援助後のメンタルヘルス得点の相関のEAP推定値は0.595で，95%確信区間は [0.388, 0.754] です．95%確信で，小さく見積もって0.427，大きく見積もって0.733です．

RQ.22 相関が0.5より大きく，0.7より小さい確率はいくらでしょうか．

RA.22【表 A.12】 援助前と援助後のメンタルヘルス得点の相関が0.5より大きく，0.7より小さい確率は0.726です．

RQ.23 援助前と援助後でメンタルヘルス得点の順番が入れ替わらない確率はどれほどでしょうか．またその確率はどれくらいの幅で確信でき，少なくとも何%，あるいは高々何%でしょう．

RA.23【表 A.11】 援助前と援助後でメンタルヘルス得点の順番が入れ替わらない確率は70.4%であり，95%確信区間は [0.627, 0.772]，少なくとも0.641%，高々0.762です．

RQ.24 援助前と援助後でメンタルヘルス得点の順番が入れ替わらない確率が0.6より大きい確率はどれくらいでしょうか．

RA.24【表 A.12】 援助前と援助後でメンタルヘルス得点の順番が入れ替わらない確率が0.6より大きい確率は99.5%です．

第 5 章

表 A.13　母数の事後分布の数値要約

	EAP	post.sd	2.5%	5%	50%	95%	97.5%
LD(μ_1)	5.931	0.986	3.986	4.315	5.932	7.540	7.873
LL(μ_2)	11.013	0.927	9.181	9.503	11.012	12.530	12.844
DM(μ_3)	7.864	0.878	6.122	6.422	7.863	9.303	9.603
σ_e	2.740	0.426	2.062	2.144	2.687	3.515	3.718

1) 表 A.13 が母数の推定結果です．一番体重が増加しているのは LL 群のマウスであり，11.013(0.927)[9.181, 12.844] でした．低いのは LD 群のマウスであり，5.931(0.986)[3.986, 7.873] でした．両者の95%確信区間はかぶっていません．一方 LL 群と DM 群の95%確信区間はかぶっています．そのためより詳しい分析を行います．

表 A.14 は全平均と水準の効果に関する生成量の推定結果です．LL 群の効果がもっとも

表 A.14　生成量の事後分布の数値要約

	EAP	post.sd	2.5%	5%	50%	95%	97.5%
μ	8.270	0.538	7.205	7.386	8.269	9.151	9.331
a_1	−2.338	0.782	−3.893	−3.616	−2.340	−1.057	−0.797
a_2	2.743	0.759	1.239	1.495	2.743	3.985	4.243
a_3	−0.405	0.739	−1.869	−1.617	−0.405	0.810	1.048

表 A.15　水準の効果が 0 より大きい (小さい) 確率

群	LD	LL	DM
$U_{a_j>0}$	0.003	0.999	0.285
$U_{a_j\leq 0}$	0.997	0.001	0.715

表 A.16　効果の大きさに関する生成量の事後分布の数値要約

	EAP	post.sd	2.5%	5%	50%	95%	97.5%
σ_a	2.162	0.537	1.116	1.289	2.158	3.052	3.242
η^2	0.385	0.127	0.121	0.163	0.393	0.582	0.609
δ	0.806	0.224	0.372	0.441	0.804	1.179	1.249

表 A.17　行の水準が列の水準より大きい確率

	LD(μ_1)	LL(μ_2)	DM(μ_3)
LD(μ_1)	0.000	0.000	0.069
LL(μ_2)	1.000	0.000	0.992
DM(μ_3)	0.931	0.008	0.000

表 A.18　LD 群と LL 群の差に関する推定結果

	EAP	post.sd	2.5%	5%	50%	95%	97.5%
$\mu_2 - \mu_1$	5.082	1.352	2.406	2.870	5.081	7.293	7.759
δ	1.897	0.563	0.795	0.975	1.896	2.831	3.005
U_3	0.951	0.058	0.788	0.835	0.971	0.998	0.999
π_d	0.894	0.071	0.713	0.755	0.910	0.977	0.983
$\pi_{5.0}$	0.508	0.130	0.257	0.293	0.509	0.721	0.758

大きいことがわかります．また DM 群の効果がもっとも 0 に近いことがわかります．
表 A.15 は水準の効果が 0 より大きい (小さい) 確率を表しています．LD 群の効果 a_1 が 0 より小さい確率が 100%であるのに対し，LL 群の効果 a_2 が 0 より大きい確率が 100%であることから要因 A「飼育条件」による効果はあると判定できます．
次に要因効果の大きさについて検討します．表 A.16 は効果の大きさに関する生成量の推定結果です．要因 A の効果の標準偏差 σ_a は 2.162(0.537)[1.116, 3.242] です．また説明率 η^2 は 0.385(0.127)[0.121, 0.609] であり，要因 A の効果でデータの変動が約 4 割説明されていることを表しています．効果量 δ は 0.806(0.224)[0.372, 1.249] であり水準の効果の標準偏差が水準内の標準偏差の約 8 割ほどです．
要因 A の水準間にはどのような大小関係があるのか検討します．表 A.17 は $c=0$ として計算した，行の水準が列の水準より大きい確率です．この表より，95%以上の確信で

別々に明言できるのは「$\mu_2 > \mu_1$」と「$\mu_2 > \mu_3$」になります．標本平均の大きさ順に並べた研究仮説「$\mu_2 > \mu_3 > \mu_1$」が正しい確率を求めると $u^{(t)}_{\mu_2>\mu_3} \times u^{(t)}_{\mu_3>\mu_1} = 0.923$ となり，92.3%であることがわかります．

それでは最後に95%の確信で差があると明言できたLD群とLL群の差について推定します．結果は表A.18に示します．まず平均値の差 $\mu_2 - \mu_1$ は5.082(1.352)[2.406, 7.759]でした．LD群に比べ，LL群のマウスは5.082g体重が増加していることがわかります．効果量 δ は1.897(0.563)[0.795, 3.005]であり，両群の差は水準内の平均的散らばりより約1.9倍大きいと解釈できます．非重複度は0.951(0.058)[0.788, 0.999]となり，LL群のマウスの体重増加量分布において，LD群のマウスの体重増加量は下から約5%の位置にあることがわかりました．優越率 π_d は0.894(0.071)[0.713, 0.983]であり，LD群とLL群からそれぞれランダムに選んだ1匹を比較すると，89.4%の確率でLL群のほうが体重増加量が大きいことがわかりました．$c = 5.0$ とした閾上率 $\pi_{5.0}$ は0.508(0.130)[0.257, 0.758]であり，LD群とLL群からそれぞれランダムに選んだ1匹を比較すると，50.8%の確率でLL群のほうが5.0g以上多くなることがわかりました．

2) 表A.19は母数の推定結果です．全平均 μ の推定値は128.842(0.396)[128.063, 129.620]であり，この選手Eの平均的な球速は約128.8km/時間です．誤差標準偏差 σ_e の推定値は3.892(0.303)[3.352, 4.539]であり，セル内の球速の平均的なちらばりは約3.9km/時間です．要因A(走者)の効果 a_1 の確信区間はほぼ0を中心としていますから，要因A(走者)の効果は確認できません．

次に要因B(球種)の効果の有無に関して検討します．表A.20は水準の効果が0より大

表 A.19 一部の母数の事後分布の数値要約

	EAP	post.sd	2.5%	5%	50%	95%	97.5%
μ	128.842	0.396	128.063	128.191	128.841	129.491	129.620
a_1	0.055	0.397	−0.724	−0.595	0.055	0.709	0.836
σ_e	3.892	0.303	3.352	3.428	3.873	4.418	4.539

表 A.20 要因B(球種)の水準の効果が0より大きい(小さい)確率

	b_1	b_2	b_3	b_4	b_5	b_6
0より大きい	1.000	1.000	0.627	0.000	0.000	0.000
0以下	0.000	0.000	0.373	1.000	1.000	1.000

表 A.21 効果の大きさに関する生成量の事後分布の数値要約

	EAP	post.sd	2.5%	5%	50%	95%	97.5%
σ_a	0.319	0.243	0.013	0.025	0.268	0.788	0.907
σ_b	6.849	0.296	6.266	6.365	6.848	7.335	7.433
σ_{ab}	1.266	0.349	0.615	0.708	1.256	1.857	1.980
η_a^2	0.002	0.004	0.000	0.000	0.001	0.010	0.013
η_b^2	0.733	0.035	0.659	0.672	0.736	0.785	0.794
η_{ab}^2	0.027	0.014	0.006	0.008	0.025	0.053	0.059
η_t^2	0.762	0.031	0.694	0.707	0.765	0.810	0.817
δ_a	0.082	0.062	0.003	0.007	0.069	0.202	0.231
δ_b	1.770	0.154	1.472	1.519	1.769	2.026	2.077
δ_{ab}	0.326	0.090	0.157	0.182	0.324	0.479	0.511

きい (小さい) 確率です．この結果より確信をもって要因効果があると言えるのは要因 B (球種) であると言えます．

それでは次にその効果の大きさについて検討します．表 A.21 は効果の大きさに関する生成量の推定結果です．先程の結果より確信をもって要因効果が認められた要因 B の効果の標準偏差 σ_b は 6.849(0.296)[6.266, 7.433] であり，説明率 η_b^2 が 0.733(0.035)[0.659, 0.794] で約 73%でした．また効果量 δ_b は 1.770(0.154)[1.472, 2.077] で水準の効果の標準偏差が水準内の標準偏差の約 1.8 倍でした．要因効果が必ずしも認められなかった要因 A と交互作用の効果の標準偏差 σ_a, σ_{ab} はそれぞれ，0.319(0.243)[0.013, 0.907] と 1.266(0.349)[0.615, 1.980] であることがわかりました．

表 A.22 は $c = 0$ として計算した，行の水準が列の水準より大きい確率です．この表より，95%以上の確信で別々に明言できるのは 18 個の組み合わせ中 14 個でした．また 3 つの研究仮説「ストレートは他のどの球種より速い」，「カットはストレート以外のどの球種よりも速い」，「フォーク・カット・ストレートはチェンジアップ・スライダー・カーブよりも速い」が正しい確率を求めると $u^{(t)}_{\mu_1 > \mu_2} \times u^{(t)}_{\mu_1 > \mu_3} \times u^{(t)}_{\mu_1 > \mu_4} \times u^{(t)}_{\mu_1 > \mu_5} \times u^{(t)}_{\mu_1 > \mu_6}$ は 1.000，$u^{(t)}_{\mu_1 > \mu_2} \times u^{(t)}_{\mu_2 > \mu_3} \times u^{(t)}_{\mu_2 > \mu_4} \times u^{(t)}_{\mu_2 > \mu_5} \times u^{(t)}_{\mu_2 > \mu_6}$ は 1.000，$u^{(t)}_{\mu_1 > \mu_2} \times u^{(t)}_{\mu_2 > \mu_3} \times u^{(t)}_{\mu_3 > \mu_4} \times u^{(t)}_{\mu_3 > \mu_5} \times u^{(t)}_{\mu_3 > \mu_6}$ は 1.000 がその EAP となります．

それでは最後に 95%の確信で差があると明言できたチェンジアップとカーブの球速の差について推定します．結果は表 A.23 に示します．まず平均値の差 $\mu_{b4} - \mu_{b6}$ は 3.903(1.961)[0.047, 7.759] でした．カーブに比べ，チェンジアップの球速は約 3.9 km/時間速いことがわかります．効果量 δ は 1.009(0.509)[0.012, 2.006] であり，両群の差は水準内の平均的散らばりより 1.009 倍大きいと解釈できます．非重複度は 0.816(0.126)[0.505, 0.978] となり，カーブの球速の分布において，チェンジアップの平均の球速は下から 81.6%の位置にあることがわかりました．優越率 π_d は 0.749(0.109)[0.503, 0.922] であり，チェンジアップとカーブで投げた球速データからランダムに抽出した一対を比較すると，74.9%の確率でチェンジアップの方が速いことがわかりました．$c = 10.0$ とした閾上率 $\pi_{10.0}$ は 0.148(0.082)[0.034, 0.345] であり，チェンジアップとカーブで投げた球速データからランダムに抽出した一対を比較すると，14.8%の確率でチェンジアップの方が 10 km/時間以上速いことがわかりました．

表 A.22 行の水準が列の水準より大きい確率

	スト (μ_{b1})	カット (μ_{b2})	フォー (μ_{b3})	チェン (μ_{b4})	スラ (μ_{b5})	カーブ (μ_{b6})
スト (μ_{b1})	0.000	1.000	1.000	1.000	1.000	1.000
カット (μ_{b2})	0.000	0.000	1.000	1.000	1.000	1.000
フォー (μ_{b3})	0.000	0.000	0.000	1.000	1.000	1.000
チェン (μ_{b4})	0.000	0.000	0.000	0.000	0.379	0.995
スラ (μ_{b5})	0.000	0.000	0.000	0.621	0.000	0.997
カーブ (μ_{b6})	0.000	0.000	0.000	0.005	0.003	0.000

表 A.23 チェンジアップとカーブの差に関する推定結果

	EAP	post.sd	2.5%	5%	50%	95%	97.5%
$\mu_{b4} - \mu_{b6}$	3.903	1.961	0.047	0.672	3.911	7.121	7.759
δ	1.009	0.509	0.012	0.171	1.012	1.845	2.006
U_3	0.816	0.126	0.505	0.568	0.844	0.967	0.978
π_d	0.749	0.109	0.503	0.548	0.763	0.904	0.922
$\pi_{10.0}$	0.148	0.082	0.034	0.043	0.133	0.304	0.345

第 6 章

1) n をコイン投げの回数，x を表が出た回数，p を表が出る確率とします．表が出る確率が 0.5 のコインを 5 回投げて 3 回表が出る確率は，2 項分布 (6.8) 式を用いて，$(5!/3!(5-3)!) \times 0.5^3 \times (1-0.5)^2 = 0.3125$ です．

2) 乱数発生器の個数を n，その中からグー・チョキ・パーが出る回数をそれぞれ x_1, x_2, x_3 とします．グー・チョキ・パーがそれぞれ 2 回，2 回，1 回出る確率は多項分布 (6.16) 式を用いて，$(5!/2! \times 2! \times 1!) \times 0.3^2 \times 0.3^2 \times 0.4 = 0.0972$ です．

3) 表 A.24 より，表が出る比率 p の推定値は 0.549(0.049)[0.452, 0.644] です．また，表が出る比率が 0.5 より大きい確率は 0.841 です．

表 **A.24** 表が出る比率の事後分布の数値要約

	EAP	post.sd	2.5%	5%	50%	95%	97.5%
p	0.549	0.049	0.452	0.468	0.549	0.629	0.644

4) 「高校生の相談相手問題」：表 A.25 より，高校生が「親」に相談する比率は 0.304(0.046) [0.219, 0.396]，「友達」に相談する比率は 0.127(0.033)[0.070, 0.199]，「きょうだい」に相談する比率は 0.049(0.021)[0.016, 0.098] です．「先生」に相談する比率は 0.206 (0.040)[0.133, 0.290]，誰にも「相談しない」比率は 0.226(0.042)[0.150, 0.312]，「その他」の比率は 0.088(0.028)[0.041, 0.150] です．

表 A.26 より，カテゴリ間の比較では，たとえば $p(p_2 < p_1) = 0.997$ であり，「友達」よりも「親」に相談する比率の方が高いことに 99.7% の確信を持てます．また，$p(p_3 < p_5) = 1.000$ であり，「きょうだい」よりも「相談しない」比率の方が高いことに 100% の確信を持てます．

表 A.27 より，連言命題による，研究仮説「「親」は他の誰よりも相談される比率が高い」が正しい確率は 0.813 です．ここから，「相談しない」を除いて，「「親」は「友達」「きょうだい」「先生」「その他」よりも相談される比率が高い」という研究仮説が正しい確率

表 **A.25** 高校生の相談相手の比率に関する事後分布の数値要約

	EAP	post.sd	2.5%	5%	50%	95%	97.5%
p_1 (親)	0.304	0.046	0.219	0.231	0.303	0.381	0.396
p_2 (友達)	0.127	0.033	0.070	0.078	0.125	0.185	0.199
p_3 (きょうだい)	0.049	0.021	0.016	0.020	0.046	0.088	0.098
p_4 (先生)	0.206	0.040	0.133	0.143	0.204	0.275	0.290
p_5 (相談しない)	0.226	0.042	0.150	0.160	0.223	0.297	0.312
p_6 (その他)	0.088	0.028	0.041	0.047	0.086	0.138	0.150

表 **A.26** 行 i のカテゴリが列 j のカテゴリより大きい確率

相談相手	p_1	p_2	p_3	p_4	p_5	p_6
p_1 (親)	0.000	0.997	1.000	0.919	0.862	1.000
p_2 (友達)	0.003	0.000	0.975	0.082	0.045	0.808
p_3 (きょうだい)	0.000	0.025	0.000	0.000	0.000	0.134
p_4 (先生)	0.081	0.918	1.000	0.000	0.380	0.988
p_5 (相談しない)	0.138	0.955	1.000	0.620	0.000	0.995
p_6 (その他)	0.000	0.192	0.866	0.012	0.005	0.000

表 A.27 研究仮説が正しい確率

	確率
$p((p_2 < p_1) \cap (p_3 < p_1) \cap (p_4 < p_1) \cap (p_5 < p_1) \cap (p_6 < p_1))$	0.813
$p((p_2 < p_1) \cap (p_3 < p_1) \cap (p_4 < p_1) \cap (p_6 < p_1))$	0.918
$p((p_2 < p_1) \cap (p_3 < p_1) \cap (p_6 < p_1))$	0.997

は 0.918 と上昇しています.さらに「先生」を除いて,「「親」は「友達」「きょうだい」「その他」よりも相談される比率が高い」という研究仮説が正しい確率は 0.997 となり,95%以上の確信で受容されることがわかります.

「治療法の効果比較問題」:表 A.28 より,治療法 A の効果の比率は 0.777(0.038)[0.698, 0.848] であり,治療法 B の効果の比率は 0.664(0.043)[0.577, 0.746] です.また,比率の差は 0.113(0.058)[0.000, 0.226] であり,治療法 A の方が効果があることが考えられます.しかし,比率の差が 0.1 より大きい確率は 0.591 とそれほど高くないので,「治療法 A の方が効果がある」と断言するのは控えた方がよいでしょう.

表 A.28 治療法 A と B の効果の比率に関する事後分布の数値要約

	EAP	post.sd	2.5%	5%	50%	95%	97.5%
p_1	0.777	0.038	0.698	0.712	0.779	0.838	0.848
p_2	0.664	0.043	0.577	0.591	0.665	0.734	0.746
比率の差	0.113	0.058	0.000	0.018	0.113	0.208	0.226

5) 「広告効果問題」:表 A.29 より,セルの比率に関しては,「CM を未見」で商品は「非購入」の比率が最も高く,推定値は 0.525(0.039)[0.448, 0.601] です.これに対して,「CM を見た」で「購入」の比率が最も低く,0.117(0.025)[0.072, 0.162] です.また,表 A.30 ピアソン残差 e_{ij} は 0 から離れた位置で分布しているようすはなく,クラメルの連関係数の推定値も 0.149(0.077)[0.013, 0.306] であることから,「CM の視聴」と「商品の購入」にはさほど連関がないことがわかります.

「ワイン選択問題 2」:セルの比率に関しては表 A.31 より,1 回目に「赤」を選び,2 回目に「白」を選ぶ客の比率が最も高く,推定値は 0.196(0.038)[0.128, 0.275] です.表 A.32 よ

表 A.29 「広告効果問題」の母数の事後分布の数値要約

	EAP	post.sd	2.5%	5%	50%	95%	97.5%
p_{11}	0.210	0.032	0.151	0.159	0.209	0.264	0.275
p_{12}	0.117	0.025	0.072	0.078	0.116	0.162	0.171
p_{21}	0.525	0.039	0.448	0.460	0.525	0.589	0.601
p_{22}	0.148	0.028	0.098	0.105	0.147	0.197	0.207

表 A.30 ピアソン残差 e_{ij} とクラメルの連関係数 V の事後分布の数値要約

	EAP	post.sd	2.5%	5%	50%	95%	97.5%
e_{11}	−0.062	0.035	−0.132	−0.120	−0.061	−0.006	0.004
e_{12}	0.103	0.057	−0.006	0.010	0.103	0.196	0.214
e_{21}	0.043	0.025	−0.003	0.004	0.043	0.085	0.094
e_{22}	−0.072	0.040	−0.151	−0.138	−0.072	−0.007	0.004
V	0.149	0.077	0.013	0.025	0.147	0.280	0.306

表 A.31 「ワイン選択問題 2」の母数の事後分布の数値要約

	EAP	post.sd	2.5%	5%	50%	95%	97.5%
p_{11}	0.125	0.031	0.070	0.078	0.123	0.180	0.192
p_{12}	0.063	0.023	0.026	0.030	0.060	0.104	0.114
p_{13}	0.196	0.038	0.128	0.138	0.194	0.261	0.275
p_{21}	0.072	0.024	0.032	0.036	0.069	0.115	0.126
p_{22}	0.161	0.035	0.099	0.108	0.159	0.221	0.234
p_{23}	0.071	0.024	0.031	0.036	0.069	0.115	0.125
p_{31}	0.125	0.031	0.071	0.078	0.123	0.180	0.192
p_{32}	0.063	0.023	0.026	0.030	0.060	0.104	0.114
p_{33}	0.125	0.031	0.071	0.078	0.123	0.180	0.192

表 A.32 周辺確率の事後分布の数値要約

	EAP	post.sd	2.5%	5%	50%	95%	97.5%
$p_{1.}$	0.384	0.046	0.296	0.309	0.383	0.460	0.475
$p_{2.}$	0.304	0.043	0.222	0.234	0.302	0.377	0.392
$p_{3.}$	0.313	0.044	0.230	0.242	0.311	0.387	0.402
$p_{.1}$	0.322	0.044	0.238	0.251	0.320	0.396	0.411
$p_{.2}$	0.286	0.043	0.206	0.218	0.285	0.358	0.373
$p_{.3}$	0.393	0.046	0.304	0.317	0.392	0.470	0.485

表 A.33 ピアソン残差とクラメルの連関係数の事後分布の数値要約

	EAP	post.sd	2.5%	5%	50%	95%	97.5%
e_{11}	0.005	0.061	−0.112	−0.094	0.004	0.105	0.124
e_{12}	−0.141	0.055	−0.240	−0.226	−0.144	−0.047	−0.027
e_{13}	0.117	0.057	0.005	0.022	0.117	0.210	0.227
e_{21}	−0.083	0.060	−0.193	−0.177	−0.086	0.020	0.041
e_{22}	0.250	0.067	0.117	0.139	0.251	0.358	0.378
e_{23}	−0.138	0.055	−0.238	−0.223	−0.140	−0.043	−0.024
e_{31}	0.077	0.065	−0.048	−0.029	0.077	0.184	0.205
e_{32}	−0.089	0.060	−0.197	−0.182	−0.092	0.014	0.035
e_{33}	0.007	0.060	−0.110	−0.092	0.006	0.107	0.126
V	0.284	0.062	0.162	0.181	0.284	0.385	0.403

り，1 回目の周辺確率は「赤」が 0.384(0.046)[0.296, 0.475]，「ロゼ」が 0.304(0.043)[0.222, 0.392]，「白」が 0.313(0.044)[0.230, 0.402] であり，「赤」「白」「ロゼ」の順に選ばれています．同じく周辺確率より，2 回目は「白」「赤」「ロゼ」の順に選ばれていることがわかります．表 A.33 より，クラメルの連関係数は 0.284(0.062)[0.162, 0.403] であり，1 回目と 2 回目のワインの選択には弱い程度の連関があることが示唆されます．

表 A.33 より，ピアソン残差 e_{22} が正の領域で分布していること，e_{12} と e_{23} が負の領域で分布していることが見て取れます．表 A.34 より，e_{22} が正である確率は 1.000 であることから，1 回目に「ロゼ」を選んだ客は 2 回目も「ロゼ」を選び，e_{12} と e_{23} が負である確率はともに 0.95 を超えていることから，1 回目に「赤」を選んだ客は 2 回目は「ロゼ」を避け，1 回目に「ロゼ」を選んだ客は 2 回目は「白」を避けることがわかりま

表 A.34　ピアソン残差が $e_{ij} > 0$ (上), $e_{ij} < 0$ (下) の確率

$e > 0$	赤 (2 回目)	ロゼ (2 回目)	白 (2 回目)
赤 (1 回目)	0.525	0.009	0.979
ロゼ (1 回目)	0.090	1.000	0.009
白 (1 回目)	0.881	0.075	0.540
$e < 0$	赤 (2 回目)	ロゼ (2 回目)	白 (2 回目)
赤 (1 回目)	0.475	0.991	0.021
ロゼ (1 回目)	0.910	0.000	0.991
白 (1 回目)	0.119	0.925	0.460

す．また，連言命題による研究上の問い「1 回目に「ロゼ」を選んだ客は 2 回目も「ロゼ」を選び「白」を避けること，1 回目に「赤」を選んだ客は 2 回目は「ロゼ」を避けること」が同時に正しい確率は 0.982 です．

あとがき

■ ■ ■

　いつか学問の進歩が止まる日は来るのだろうか？　定理が発見され，理論が積み上げられ，知識は際限なく増える．それに比べて人間の寿命は延びず，膨大な知識を学んでいるうちに寿命がつきて，学問の進歩が止まる日は来るのだろうか？そんな日は来ないから，心配はいらない．学問の進歩を木の成長にたとえるならば，平行に成長したいくつかの枝は1本を残して冷酷に枯れ落ちる運命にある．枯れ果て地面に落ちた定理・理論・知識は肥やしとなり，時代的使命を終える．選ばれた1本の枝が幹になり，その学問は再構築される．教授法が研究され，若い世代は労せず易々と古い世代を超えていく．そうでなくてはいけない．

　統計学におけるベイズ的アプローチは，当初，高度なモデリング領域において急成長した．有意性検定では，まったく太刀打ちできない領域だったからだ．議論の余地なくベイズ的アプローチは勢力を拡大し，今やその地位はゆるぎない太い枝となった．しかし統計学の初歩の領域では少々事情が異なっている．有意性検定による手続き化が完成しており，いろいろと問題はあるが，ツールとして使えないわけではない．なにより，現在，社会で活躍している人材は，教える側も含めて例外なく有意性検定と頻度論で統計教育を受けている．この世代のスイッチングコストは無視できないほどに大きい．このままでは有意性検定と頻度論から入門し，ベイズモデリングを中級から学ぶというねじれた統計教育が標準となりかねない．それでは若い世代が無駄な学習努力を強いられることとなる．

　教科教育学とか教授学習法と呼ばれるメタ学問の使命は，不必要な枝が自然に枯れ落ちるのを待つのではなく，枝ぶりを整え，適切な枝打ちをすることにある．事態は急を要する．ではどうしたらいいのか．どのみち枝打ちをするのなら，R.A.フィッシャー卿の手による偉大な「研究者のための統計的方法」にまで戻るべきなのだ．以上が本書の執筆の直接的動機である．本書はベイズ統計学の入門書ではない．「研究者のための統計的方法」で扱っている入門的範囲をベイズ的アプローチで置き換え，中級から高度なモデリング領域へのつなぎ目のない学習系列の基礎を提供することが本書の目的である．

索　引

あ　行

アンバランスデータ (unbalance data)　119
閾上率 (probability beyond threshold)　70
位置 (location)　4
1群のt検定 (t test for one group)　29
1要因計画 (independent one factorial design)　117
1要因実験 (one factorial experiment)　117
因子 (factor)　116

ウェルチのt検定 (Welch's t test)　59
ウォームアップ (warmup)　31

オッズ (odds)　141
オッズ比 (odds ratio)　148

か　行

階級 (class)　2
階級値 (class value)　2
階級幅 (class width)　2
χ^2検定　136
階乗 (factorial)　137
カウントデータ (count data)　136
確信区間 (credible interval)　37
確率 (probability)　2
確率的命題 (probabilistic proposition)　54
確率分布関数 (cumulative distribution function, CDF)　7
確率密度 (probability density)　7
確率密度関数 (probability density function, PDF)　6
カーネル (kernel)　20
観測対象 (observed object, observation)　1

偽 (false)　54
棄却 (rejection)　164
基準点 (critical point)　65
ギブスサンプリング法 (Gibbs sampling methods, GS法)　30
客観的証拠 (objective evidence)　11
共分散 (covariance)　89

区間推定 (interval estimation)　37
組み合わせ (combination)　137
クラメルの連関係数 (Cramer's association coefficient)　156

経験分布 (empirical distribution)　6
継時的に (with time)　31
計数データ (count data)　136
研究仮説 (research hypothesis)　42
　——が正しい確率 (probability research hypothesis is true)　54
研究上の問い (research question)　39
研究目的 (research object)　39

効果量 (effect size)　50, 66
交互作用 (interaction)　128
公的分析 (public analysis)　19, 174
交絡 (confounding)　60
固有技術　39

さ　行

最高事後密度区間 (highest posterior density interval, HPDI)　174
最小値 (minimum)　5
最大値 (maximum)　5
最頻値 (mode)　5
最尤推定値 (maximum likelihood estimate)　18
最尤推定量 (maximum likelihood

索　引　　　199

estimator)　18
散布図 (scatter plot)　88
散布度 (dispersion)　4

事後確率最大値 (maximum a posteriori, MAP)　35
事後期待値 (expected a posteriori, EAP)　35
事後中央値 (posterior median, MED)　35
事後標準偏差 (posterior standard deviation, post.sd)　36
事後分散 (posterior variance)　36
事後 (確率) 分布 (posterior (probability) distribution, posterior)　20
事後予測分布 (posterior predictive distribution)　38
自然共役事前分布 (natural conjugate prior distribution)　176
事前 (確率) 分布 (prior (probability) distribution, prior)　18
実験群 (experimental group)　59
実験計画 (experimental design)　116
実験データの解析 (analysis of experimental data)　21
実質科学的知見　39
私的分析 (private analysis)　18, 174
四分位点 (quartile point)　5
四分位範囲 (interquartile range)　61
周辺確率 (marginal probability)　153
周辺度数 (marginal frequency)　153
主観的 (subjective)　11
主効果 (main effect)　128
順列 (permutation)　139
条件付き分布 (conditional distribution)　13
条件付き予測分布 (conditional predictive distribution)　38
情報量規準 (information criterion)　83
処理 (treatment)　59
真 (true)　54
真の分布 (true distribution)　11
信用区間 (credible interval)　37
信頼区間 (confidence interval)　37, 41

水準 (level)　117

水準の効果 (effect of level)　119
数値要約 (numerical summary)　3

正規化係数 (normalizing coefficient)　20
正規化定数 (normalizing constant)　20
正規分布 (normal distribution)　6
生成量 (generated quantities)　46
正の相関関係 (positive correlation)　89
積率 (moment)　4
セル (cell)　127
尖度 (kurtosis)　4
全平均 (total mean)　119, 128

相関係数 (correlation coefficient)　91
測定 (measurement)　1
測定値 (measured value)　1

た　行

対応ある 2 群 (paired two groups)　86
――の t 検定 (paired sample t test)　86
対照群 (control group)　60
代表値 (representative value)　4
第 1 四分位 (first quartile)　5
第 2 四分位 (second quartile)　5
第 3 四分位 (third quartile)　5
多項分布 (multinomial distribution)　139

チェイン (chain)　31
中央値 (median)　5
中心極限定理 (central limit theorem)　11, 40

データ (data)　1
データ生成分布 (data generating distribution)　10
データ分布 (data distribution)　2
点推定 (point estimation)　35
点推定値 (point estimate)　35
点推定量 (point estimator)　35

統計的分析 (statistical analysis)　1
統計量 (statistic)　3
同時確率 (joint probability)　153
同時事後分布 (joint posterior distribution,

simultaneous posterior distribution) 20
同時事前分布 (joint prior distribution) 18
同時度数 (joint frequency) 152
同時分布 (joint distribution) 12
同順率 (probability of concordance) 107
統制群 (control group) 60
独立 (independence) 154
独立 (independent) 12
独立した2群 (two independent groups) 59
独立した2要因計画 (independent two factorial design) 128
度数 (frequency) 2
度数分布表 (frequency distribution table) 2
ドメイン知識 39
ドリフト (drift) 32
トレースプロット (trace plot) 31

な 行

2項分布 (binomial distribution) 138
2標本の t 検定 (t test for two independent samples) 59
2変量正規分布 (bivariate normal distribution) 94

は 行

箱ひげ図 (box-and-whisker plot) 60
外れ値 (outlier) 61
ハミルトニアンモンテカルロ法 (Hamiltonian Monte Carlo method, HMC法) 30
範囲 (range) 5
バーンイン (burn-in) 31

ピアソン残差 (Pearson's residual) 156
非重複度 (Cohen の U_3, third measure of nonoverlap) 67
ヒストグラム (histogram) 3
標準化された平均値差 (standardized mean difference) 66
標準化データ (standardized data) 91

標準誤差 (standard error, se) 37
標準正規分布 (standard normal distribution) 41, 69
標準2変量正規分布 (standard bivariate normal distribution) 94
標準偏差 (standard deviation, sd) 4
標本 (sample) 6
標本比率 153
標本分布 (sample distribution) 37

負の相関関係 (negative correlation) 89
プリテスト (pretest) 87
分位 (quantile) 4
分散 (variance) 4
分散分析法 (analysis of variance) 116
分布 (distribution) 2
分布関数 (cumulative distribution function, CDF) 7

平均値 (mean) 4
平均偏差データ (mean deviation data) 89
平行箱ひげ図 (parallel box-and-whisker plot) 60
ベイズ統計学 (Bayesian statistics) 18
ベイズの公式 (Bayes' formula) 16
ベイズの定理 (Bayes' theorem) 16
ベルヌイ試行 (Bernoulli trial) 136
ベルヌイ分布 (Bernoulli distribution) 136
変則事前分布 (improper prior distribution) 19
変則分布 (improper prior distribution) 19
変動係数 (coefficient of variation) 48

母 (population) 7
母数 (parameter) 7
ポストテスト (posttest) 87
ボックスプロット (box plot) 60

ま 行

マッチング (matching) 87
マルコフ連鎖モンテカルロ法 (Markov chain Monte Carlo method, MCMC法) 29

密度関数 (probability density function, PDF)　6

無作為割り当て (random assignment)　60
無情報的事前分布 (non–informative prior distribution)　19
無相関 (no correlation)　89

命題 (proposition)　42
メトロポリス・ヘイスティングス法 (Metropolis-Hastings methods, MH 法)　30

モデル選択 (model selection)　83
モンティ・ホール問題 (Monty Hall problem)　23

や 行

焼き入れ (burn–in)　31

優越率 (probablity of dominance)　69
有効標本数 (effective sample size)　33
尤度 (likelihood)　17

要因 (factor)　116
要約統計量 (summary statistic)　3
予測区間 (prediction interval)　7
予測分布 (predictive distribution)　38

ら 行

リサーチクエスチョン (research question)　39
リスク差 (risk difference)　147
リスク比 (risk ratio)　147
理論分布 (theoretical distribution)　6

累積確率 (cumulative probability)　2
累積度数 (cumulative frequency)　2
累積分布関数 (cumulative distribution function, CDF)　7

連関 (association)　154
連言命題 (conjunctive proposition)　123

連続一様分布 (continuous uniform distribution)　9

わ 行

歪度 (skewness)　4

A

analysis of experimental data　21
analysis of variance　116
association　154

B

Bayesian statistics　18
Bayes' formula　16
Bayes' theorem　16
Bernoulli distribution　136
Bernoulli trial　136
binomial distribution　138
bivariate normal distribution　94
box-and-whisker plot　60
box plot　60
burn–in　31

C

CDF　7
cell　127
central limit theorem　11, 40
chain　31
class　2
class value　2
class width　2
coefficient of variation　48
Cohen の U_3　67
combination　137
conditional distribution　13
conditional predictive distribution　38
confidence interval　37, 41
confounding　60
conjunctive proposition　123
continuous uniform distribution　9
control group　60

202　　　索　　引

correlation coefficient　91
count data　136
covariance　89
Cramer's association coefficient　156
credible interval　37
critical point　65
cumulative distribution function　7
cumulative frequency　2
cumulative probability　2

D

data　1
data distribution　2
data generating distribution　10
dispersion　4
distribution　2
drift　32

E

EAP　35
effective sample size　33
effect of level　119
effect size　50, 66
empirical distribution　6
expected a posteriori　35
experimental design　116
experimental group　59

F

F 検定　116
factor　116
factorial　137
false　54
first quartile　5
frequency　2
frequency distribution table　2
F–test　116

G

generated quantities　46
Gibbs sampling methods　30

GS 法　30

H

Hamiltonian Monte Carlo method　30
highest posterior density interval　174
histogram　3
HMC 法　30
HPDI　174

I

improper prior distribution　19
independence　154
independent　12
independent one factorial design　117
independent two factorial design　128
information criterion　83
interaction　128
interquartile range　61
interval estimation　37

J

joint distribution　12
joint frequency　152
joint posterior distribution　20
joint prior distribution　18
joint probability　153

K

kernel　20
kurtosis　4

L

level　117
likelihood　17
location　4

M

main effect　128
MAP　35

索引　　203

marginal frequency　153
marginal probability　153
Markov chain Monte Carlo method　29
matching　87
maximum　5
maximum a posteriori　35
maximum likelihood estimate　18
maximum likelihood estimator　18
MCMC 法　29
mean　4
mean deviation data　89
measured value　1
measurement　1
MED　35
median　5
Metropolis-Hastings methods　30
MH 法　30
minimum　5
mode　5
model selection　83
moment　4
Monty Hall problem　23
multinomial distribution　139

N

natural conjugate prior distribution　176
negative correlation　89
normalizing coefficient　20
normalizing constant　20
normal distribution　6
no correlation　89
numerical summary　3

O

objective evidence　11
observation　1
observed object　1
odds　141
odds ratio　148
one factorial experiment　117
outlier　61

P

p 値　164
paired sample t test　86
paired two groups　86
parallel box–and–whisker plot　60
parameter　7
PDF　6
Pearson's residual　156
permutation　139
population　7
positive correlation　89
posterior　20
posterior (probability) distribution　20
posterior median　35
posterior predictive distribution　38
posterior standard deviation　36
posterior variance　36
posttest　87
post.sd　36
prediction interval　7
predictive distribution　38
pretest　87
prior　18
prior (probability) distribution　18
private analysis　18, 174
probabilistic proposition　54
probability　2
probability beyond threshold　70
probability density function　6
probability of concordance　107
probability research hypothesis is true　54
probablity of dominance　69
proposition　42
public analysis　19, 174
p-value　164

Q

quantile　4
quartile point　5

R

random assignment　60
range　5
rejection　164
representative value　4
research hypothesis　42
research object　39
research question　39
risk difference　147
risk ratio　147

S

sample　6
sample distribution　37
scatter plot　88
sd　4
se　37
second quartile　5
simultaneous posterior distribution　20
skewness　4
standardized data　91
standardized mean difference　66
standard bivariate normal distribution　94
standard deviation　4
standard error　37
standard normal distribution　41, 69
statistic　3
statistical analysis　1
subjective　11
summary statistic　3

T

theoretical distribution　6

third measure of nonoverlap　67
third quartile　5
total mean　119, 128
trace plot　31
treatment　59
true　54
true distribution　11
two independent groups　59
t test for one group　29
t test for two independent samples　59

U

unbalance data　119

V

variance　4

W

WAIC (Widely Applicable Information Criterion, Watanabe Akaike Information Criterion)　83
warmup　31
Watanabe Akaike Information Criterion　83
Welch's t test　59
Widely Applicable Information Criterion　83
with time　31

Z

z 検定　136
z test　136

著者略歴

豊田秀樹(とよだひでき)

1961 年　東京都に生まれる
1989 年　東京大学大学院教育学研究科博士課程修了（教育学博士）
現　在　早稲田大学文学学術院教授

〈主な著書〉

『項目反応理論［入門編］（第 2 版）』（朝倉書店）
『項目反応理論［事例編］―新しい心理テストの構成法―』（編著）（朝倉書店）
『項目反応理論［理論編］―テストの数理―』（編著）（朝倉書店）
『項目反応理論［中級編］』（編著）（朝倉書店）
『共分散構造分析［入門編］―構造方程式モデリング―』（朝倉書店）
『共分散構造分析［応用編］―構造方程式モデリング―』（朝倉書店）
『共分散構造分析［技術編］―構造方程式モデリング―』（編著）（朝倉書店）
『共分散構造分析［疑問編］―構造方程式モデリング―』（編著）（朝倉書店）
『共分散構造分析［理論編］―構造方程式モデリング―』（朝倉書店）
『共分散構造分析［数理編］―構造方程式モデリング―』（編著）（朝倉書店）
『共分散構造分析［事例編］―構造方程式モデリング―』（編著）（北大路書房）
『共分散構造分析［Amos 編］―構造方程式モデリング―』（編著）（東京図書）
『SAS による共分散構造分析』（東京大学出版会）
『調査法講義』（朝倉書店）
『原因を探る統計学―共分散構造分析入門―』（共著）（講談社ブルーバックス）
『違いを見ぬく統計学―実験計画と分散分析入門―』（講談社ブルーバックス）
『マルコフ連鎖モンテカルロ法』（編著）（朝倉書店）
『基礎からのベイズ統計学―ハミルトニアンモンテカルロ法による実践的入門―』
（編著）（朝倉書店）

はじめての統計データ分析
―ベイズ的〈ポスト p 値時代〉の統計学―

定価はカバーに表示

2016 年 5 月 25 日　初版第 1 刷

著　者　豊　田　秀　樹
発行者　朝　倉　誠　造
発行所　株式会社　朝　倉　書　店

東京都新宿区新小川町 6-29
郵便番号　162-8707
電　話　03（3260）0141
FAX　03（3260）0180
http://www.asakura.co.jp

〈検印省略〉

© 2016〈無断複写・転載を禁ず〉　中央印刷・渡辺製本

ISBN 978-4-254-12214-5　C 3041　Printed in Japan

JCOPY　〈(社)出版者著作権管理機構　委託出版物〉
本書の無断複写は著作権法上での例外を除き禁じられています．複写される場合は，そのつど事前に，(社)出版者著作権管理機構（電話 03-3513-6969，FAX 03-3513-6979，e-mail: info@jcopy.or.jp）の許諾を得てください．

早大 豊田秀樹編著
基礎からのベイズ統計学
——ハミルトニアンモンテカルロ法による実践的入門——
12212-1 C3041　　A5判 248頁 本体3200円

高次積分にハミルトニアンモンテカルロ法(HMC)を利用した画期的初級向けテキスト。ギブズサンプリング等を用いる従来の方法より非専門家に扱いやすく、かつ従来は求められなかった確率計算も可能とする方法論による実践的入門。

早大 豊田秀樹編著
統計ライブラリー
マルコフ連鎖モンテカルロ法
12697-6 C3341　　A5判 280頁 本体4200円

ベイズ統計の発展で重要性が高まるMCMC法を応用例を多数示しつつ徹底解説。Rソース付〔内容〕MCMC法入門／母数推定／収束判定・モデルの妥当性／SEMによるベイズ推定／MCMC法の応用／BRugs／ベイズ推定の古典的枠組み

J.R.ショット著　早大 豊田秀樹編訳
統計学のための 線 形 代 数
12187-2 C3041　　A5判 576頁 本体8800円

"Matrix Analysis for Statistics (2nd ed)"の全訳。初歩的な演算から順次高度なテーマへ導く。原著の演習問題(500題余)に略解を与え、学部上級〜大学院テキストに最適。〔内容〕基礎／固有値／一般逆行列／特別な行列／行列の微分／他

早大 豊田秀樹著
統計ライブラリー
項目反応理論[入門編]（第2版）
12795-9 C3341　　A5判 264頁 本体4000円

待望の全面改訂。丁寧な解説はそのままに、全編Rによる実習を可能とした実践的テキスト。〔内容〕項目分析と標準化／項目特性曲線／R度値の推定／項目母数の推定／テストの精度／項目プールの等化／テストの構成／段階反応モデル／他

早大 豊田秀樹編著
統計ライブラリー
共 分 散 構 造 分 析 [数理編]
——構造方程式モデリング——
12797-3 C3341　　A5判 288頁 本体4600円

実践的なデータ解析手法として定着した共分散構造分析の数理的基礎を総覧する初めての書。よい実践のための全23章。〔内容〕GLS等の各種推定法／最適化と導関数／欠測値／ブートストラップ／適合度／交差妥当化／検定／残差／他

環境研 瀬谷　創・筑波大 堤　盛人著
統計ライブラリー
空 間 統 計 学
——自然科学から人文・社会科学まで——
12831-4 C3341　　A5判 192頁 本体3500円

空間データを取り扱い適用範囲の広い統計学の一分野を初心者向けに解説〔内容〕空間データの定義と特徴／空間重み行列と空間的影響の検定／地球統計学／空間計量経済学／付録（一般化線形モデル／加法モデル／ベイズ統計学の基礎）／他

東大 国友直人著
統計解析スタンダード
応用をめざす 数 理 統 計 学
12851-2 C3341　　A5判 232頁 本体3500円

数理統計学の基礎を体系的に解説。理論と応用の橋渡しをめざす。「確率空間と確率分布」「数理統計の基礎」「数理統計の展開」の三部構成のもと、確率論、統計理論、応用局面での理論的・手法的トピックを丁寧に講じる。演習問題付。

関西学院大 古澄英男著
統計解析スタンダード
ベ イ ズ 計 算 統 計 学
12856-7 C3341　　A5判 208頁 本体3400円

マルコフ連鎖モンテカルロ法の解説を中心にベイズ統計の基礎から応用まで標準的内容を丁寧に解説。〔内容〕ベイズ統計学基礎／モンテカルロ法／MCMC／ベイズモデルへの応用（線形回帰、プロビット、分位点回帰、一般化線形ほか）／他

成蹊大 岩崎　学著
統計解析スタンダード
統 計 的 因 果 推 論
12857-4 C3341　　A5判 216頁 本体3600円

医学、工学をはじめあらゆる科学研究や意思決定の基盤となる因果推論の基礎を解説。〔内容〕統計的因果推論とは／群間比較の統計数理／統計的因果推論の枠組み／傾向スコア／マッチング／層別／操作変数法／ケースコントロール研究／他

慶大 阿部貴行著
統計解析スタンダード
欠 測 デ ー タ の 統 計 解 析
12859-8 C3341　　A5判 200頁 本体3400円

あらゆる分野の統計解析で直面する欠測データへの対処法を欠測のメカニズムも含めて基礎から解説。〔内容〕欠測データと解析の枠組み／CC解析とAC解析／尤度に基づく統計解析／多重補完法／反復測定データの統計解析／MNARの統計手法

上記価格（税別）は 2016 年 4 月現在